Technologie und Kapitalismus

Kapitalismus gezähmt?

Technologie und Kapitalismus

Mit Beiträgen von Dennis Meadows, Klaus Woltron,
Markus Knoflacher, Hans Peter Aubauer, Tadej Brezina,
Hermann Knoflacher und Armin Reller

Hermann Knoflacher
Agnieszka Rosik-Kölbl
Klaus Woltron
[Hgg]

PETER LANG
Frankfurt am Main · Berlin · Bern · Bruxelles · New York · Oxford · Wien

Bibliografische Information der Deutschen Nationalbibliothek
Die Deutsche Nationalbibliothek verzeichnet diese Publikation in der
Deutschen Nationalbibliografie; detaillierte bibliografische
Daten sind im Internet über <http://www.d-nb.de> abrufbar.

ISBN 978-3-631-57161-3

© Peter Lang GmbH
Internationaler Verlag der Wissenschaften
Frankfurt am Main 2008
Alle Rechte vorbehalten.

Das Werk einschließlich aller seiner Teile ist urheberrechtlich
geschützt. Jede Verwertung außerhalb der engen Grenzen des
Urheberrechtsgesetzes ist ohne Zustimmung des Verlages
unzulässig und strafbar. Das gilt insbesondere für
Vervielfältigungen, Übersetzungen, Mikroverfilmungen und die
Einspeicherung und Verarbeitung in elektronischen Systemen.

www.peterlang.de

Inhalt

Vorwort 7

Dennis Meadows
The Interaction of Technological Advance with Growth in Population and Industry 11

Klaus Woltron
Technologieentwicklung. Eine Geschichte massiver Nebenwirkungen 27

Markus Knoflacher
Technologische Entwicklung und Nachhaltigkeit – ein Widerspruch? ... 35

Hans P. Aubauer
„Sanfte" statt „harter" Technikpfade 73

Tadej Brezina
Technologiebedingte Ursachen des Wachstums. Empirische Zusammenhänge und Befunde 113

Hermann Knoflacher
Technologiebedingte Ursachen des Wachstums. Eine evolutionstheoretische Betrachtung 135

Armin Reller
Wenn die Gewürzmetalle für den Technologiekuchen ausgehen: Technologiebedingter Verlust strategischer Ressourcen 155

Autoren und Herausgeber 169

Vorwort

Die technisch industrielle Umsetzung naturwissenschaftlicher Erkenntnisse verweist auf große Erfolge, die zu einer grundlegenden Änderung menschlicher Lebensweisen in vielen Gebieten der Welt geführt haben. Vordergründig haben diese Erfolge zu einem noch nie da gewesenen materiellen Reichtum breiter Bevölkerungsschichten in den technisch entwickelten Ländern beigetragen. Damit entstanden zwischen der Erfüllung materieller Wünsche und den technologischen Anforderungen positive Rückkopplungen, die eine der Ursachen des exponentiellen Wachstums und seiner Konsequenzen sind.

Der Bericht an den Club of Rome, „Limits to Growth", hat seit den 70er Jahren zu dem neuen Bewusstsein beigetragen, dass exponentielles Wachstum in einer begrenzten Welt nicht möglich ist. Dennis Meadows, Mitverfasser des ersten Berichts „Limits to Growth", bestätigt in seinen neuen Arbeiten die bereits damals klar herausgearbeitete Tendenz des exponentiellen Wachstums von Industrie und Bevölkerung. In seinen Modellen stellt die Technologie trotz ihrer Diversität in den Grundsätzen eine Input-Outflow-Beziehung oder eine Output-Beziehung dar. Primär beeinflusst die Technologie aber die Sterblichkeit der Bevölkerung und die Kapitalflüsse für Investitionen. Die gegenwärtigen Energieflüsse und materiellen Flüsse sind viel zu hoch und werden in den nächsten Jahrzehnten zu negativen Wachstumsraten, also Rückgängen, führen. Grundlegende Änderungen der Forschungsprioritäten werden daher notwendig, um Gesellschaft und Wirtschaft auf diesen Rückgang vorzubereiten. Im Zusammenhang mit dem exponentiellen Wachstum sind etwa für die USA zwei Faktoren auffallend:
a) die exponentiell steigenden Militärausgaben und
b) die exponentiell steigenden Kosten für medizinische Betreuung.

Klaus Woltron spannt in seinem Beitrag einen weiten Bogen von den Anfängen menschlicher Technologie bis zu den Kondratieff-Zyklen und lässt die Frage offen, welche Probleme sich aus der Entwicklung der Wissensgesellschaft und der wachsenden Individualisierung ergeben werden.

Sämtliche technologischen Entwicklungen haben, neben ihren von den Menschen geschätzten Vorteilen, auch negative Folgen, die, wie schon Konrad Lorenz ausführte, keineswegs zum evolutionären Fortschritt, sondern durchaus zur Degeneration der Gesellschaft und der Menschen führen können. Werteverlust, Schwinden des Gemeinschaftsgefühls, übersteigerter Egoismus, soziale Erosion, Rücksichtslosigkeit und Abschottung bilden die Kehrseite der technologischen Wissensgesellschaft. Klaus Woltron fasst seine Zielvorstellungen zur Problembewältigung in konkreten Schritten zusammen. Als wichtigste nennt er: Wertevermittlung und -verankerung, Schaffung internationaler Spielregeln mit entsprechenden Sanktionen, Dämpfung der Spekulation, scharfe Bewirtschaftung endlicher Ressourcen, Abkoppelung des Wirtschaftswachstums von Materie und Energieverbrauch, Stärkung lokaler Geld- und Investitionskreisläufe.

Markus Knoflacher behandelt in seinem Beitrag die grundlegende evolutionäre Problematik technologischer Entwicklungen, die in der Regel durch subjektiven und anthropologischen Nutzen vorangetrieben werden. Sie sind die Folge eines einseitigen menschenzentrierten Technologiebegriffes und werden erst beim Hervortreten ihrer negativen Effekte Schritt für Schritt – falls dies noch möglich ist – in einen weiteren evolutionären Kontext eingebettet. Neue technologische Entwicklungen sind also, von Ausnahmen abgesehen, grundsätzlich nicht nachhaltig, sondern müssen mit zunehmender Erfahrung entweder grundlegend korrigiert oder zum Teil aufgegeben werden. Die gegenwärtige Beschleunigung technologischer Entwicklung stellt daher grundsätzlich eine potenzielle Gefahr für die Nachhaltigkeit dar.

Hans Peter Aubauer unterscheidet sanfte Technologiepfade, die sich an den Gesetzmäßigkeiten der Evolution und der dominierenden Energiequelle Sonne orientieren, von harten Technikpfaden, die, auf fossile Energieressourcen gestützt, massive Eingriffe in die Natur aber auch in die Sozialsysteme ermöglichen und entscheidend zu der eingetretenen Beschleunigung beitragen.

Tadej Brezina hat im Zuge des Forschungsprojektes „Technologiebedingte Ursachen des Wachstums" eine Fülle von Indikatoren technologischer Entwicklungen zusammengetragen und analysiert. In fast allen Bereichen technologischer Entwicklung ist eine exponentielle Steigerung der Effizienz technischer Produkte festzustellen, die jedoch in den meisten Fällen durch eine weit stärkere zahlenmäßige Zunahme dieser Produkte überkompensiert wird. Auch bei steigender Effizienz – die ihre Grenzen schließlich im Hauptsatz der Thermodynamik findet – muss in den meisten Bereichen aufgrund des Bevölkerungswachstums und der exponentiell steigenden Nachfrage weiterhin mit exponentiellem Wachstum gerechnet werden.

Hermann Knoflachers evolutionstheoretische Untersuchung der technologiebedingten Ursachen des Wachstums setzt bei dem Vielzeller Mensch an, dessen Gehirn eine zentrale Rolle spielt. Unsere Organe zur Wahrnehmung der Außenwelt reichen nicht aus, um die durch Technologie und Technik eingetretenen Veränderungen der Außenwelt so rechtzeitig an das Hirn weiterzuleiten, dass als unmittelbare Reaktion auf die Wahrnehmung von Fehlern negative Rückkopplungen entstehen, wie es in der gesamten bisherigen Menschheitsgeschichte möglich war. Die aus den Schaltungen der Großhirnrinde entstehenden Wünsche werden an die ausführenden Organe weitergeleitet, die durch technologische Einrichtungen so verstärkt und verändert werden, dass die unmittelbare Beziehung zwischen Aktion und Folgewirkungen nicht mehr erkennbar ist. Damit kann es zu positiven Rückkopplungen zwischen Aktion und Wahrnehmung kommen, weil die negativen Folgewirkungen räumlich, zeitlich aber auch sachlich (weit) entfernt auftreten, sodass der Zusammenhang zwischen der Aktivität und ihren Auswirkungen nicht mehr begriffen werden kann. Wirken die Folgen der Technologien außerhalb der evolutionären Wahrnehmungsgrenzen, werden die entscheidenden lebenserhaltenden negativen Rückkopplungen unterlassen oder so lange verzögert, dass irreversible Folgewirkungen entstehen können. Diese Verzögerungen zwischen Aktion und Wahrnehmung können lebensbedrohlich sein. Damit kann auf evolutionärer Basis eine Erklärung für die bei den Simulationen des Club of Rome entstehenden Kurvenverläufe gegeben werden.

Armin Reller zeigt in seinem Beitrag, dass selbst im engeren technologischen Bereich bereits Grenzen erreicht sind – wie etwa die Nutzung seltener Metalle – und in Zukunft technologische Entwicklungen, die auf dem Einsatz dieser Stoffe beruhen, nicht weitergeführt werden können. Die vielfach vertretene Theorie beliebiger endloser Substitution von Stoffen wird in diesem Beitrag erstmalig grundsätzlich in Frage gestellt. Technologische Entwicklungen, die in der Vergangenheit möglich waren, sind aufgrund dieser nun erreichten Grenzen in Zukunft möglicherweise auszuschließen. Die Folgen der Verknappung von Ressourcen sind im Finanzsystem bereits an den exponentiell, ja geradezu explosionsartig steigenden Kosten bestimmter Stoffe zu erkennen.

Die Beiträge in diesem Band zeigen, dass das auf dem materiellen Durchsatz beruhende Finanzsystem (wenngleich nur mehr ein Bruchteil davon mit der realen Wirtschaft verbunden ist) seine materielle Grundlage in Zukunft nicht mehr so selbstverständlich beanspruchen können wird wie bisher. Das Erreichen bestimmter Grenzen wird sich auch im Finanzsystem bemerkbar machen. Derzeit treibt dieses Finanzsystem allerdings noch die Beschleunigung einer Entwicklung an, die zwangsläufig in immer mehr Bereichen zu unlösbaren Problemen und Konflikten führen muss, die durch Technologie nicht mehr kompensiert werden können. Der grundlegende Fehler, der im System des Kapitalismus entstand, besteht darin, dass Ressourcen verschiedener Art immer mehr als Mittel zum Zweck der Kapitalvermehrung eingesetzt werden, womit Ziele und Mittel verwechselt werden.

Wien, im Juli 2007   Hermann Knoflacher

The Interaction of Technological Advance with Growth in Population and Industry

Adapted from a Presentation to The Club of Vienna by Dennis L. Meadows Vienna, Austria, 15/11/06

Over the past 200 years growth in population, in industry, and in the associated use of energy and materials has been pervasive and persistent. To illustrate the magnitudes involved, I will present data on global population. In 1950, 1975, and 2000 the global population was 2.5 billion, 4.0 billion, and 6.1 billion. The fertility rate was falling gradually during this period, but the global population size was rising more quickly. So the average number of people added to the global population each year has been rising. In the 25 years from 1950 to 1975, the global population gained about 60 million people each year. During the subsequent 25 years, 1976-2000, the average gain was about 84 million people per year. Because each person needs a diverse array of energy and materials to survive, and desired standard of living has been increasing, most material aspects of the global economy have been growing even faster than population during the past 50 years.

It is useful to look at data.

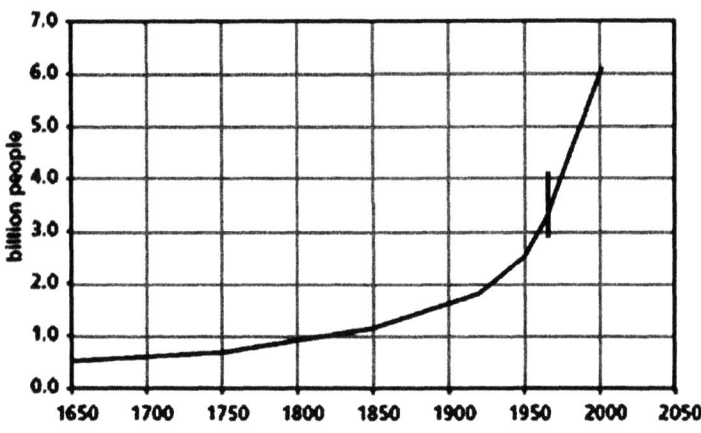

World Population

In 1972 when we wrote the first edition of our book, global population was at 3.65 billion; now it is well over 6 billion.

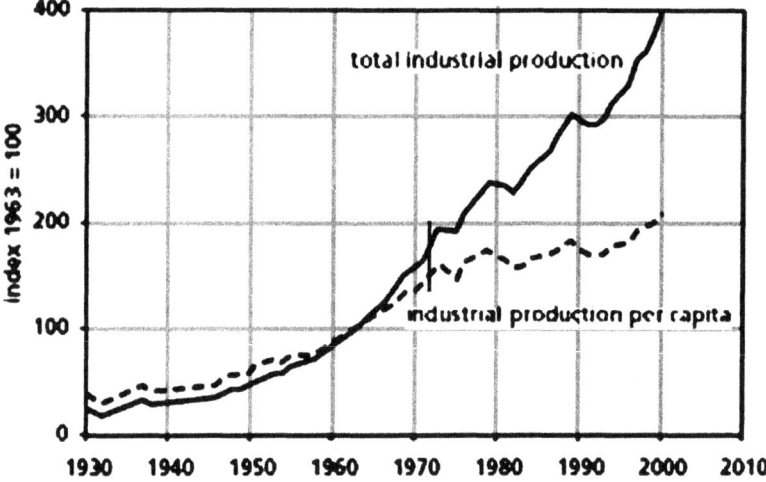

Index Of World Industrial Production

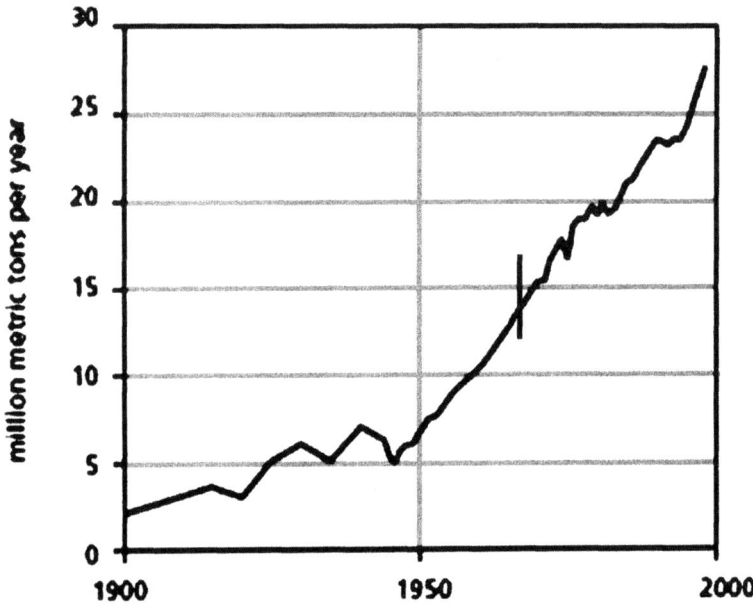

Index of World Metals Use

In 1972 when we wrote the first edition of our book, the index of global industrial production was about 160; now it is well over 400.

Because population and industry are growing so quickly, society's requirements for many materials are growing quickly as well. The world's metals use is one example.

The vertical line shows the index of our consumption in 1972, about 14. By the year 2000 the index of metals use had doubled to about 28. The fact that we live in an information society is often stated as though it meant we are immune from the consequences of physical scarcities. But the information society is based on the use of energy and materials. When it becomes impossible to sustain growth in production of its physical and energy foundations, the information society will lose its capacity for growth.

The practical implications of these ostensibly innocuous graphs can be difficult to understand, so I will describe their meaning in a different way. Between 1972 and 2000, a period of only 28 years, the global society made greater additions to its industrial production than during humanity's previous 10,000 years on the planet. Or to put it into another way, if we were to sustain this industrial growth over the next 20 years, the world would consume more metal, more energy, more water, and more of many other materials than were used during the entire last century.

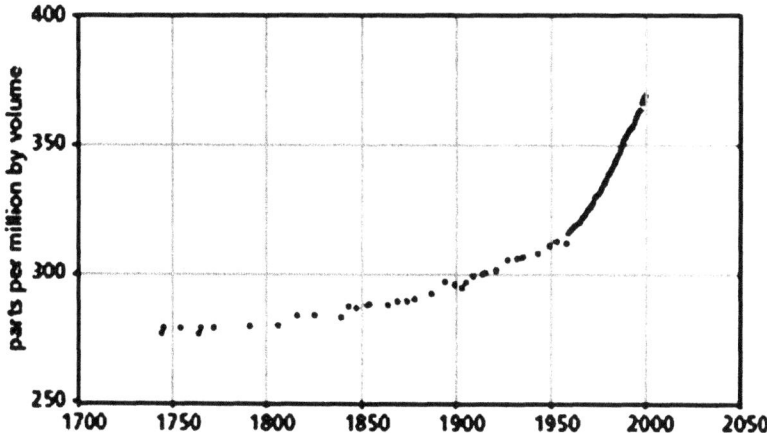

Concentration of CO_2 in the Global Atmosphere

Since our use of energy and materials is growing rapidly, our generation of various pollutions is also growing very fast. One prominent example is CO2 emissions. The previous illustration shows the growing concentration of CO2 in the global atmosphere.

Population, industry, materials use, and CO2 all seem very different. However, the underlying process that produces their growth is the same for each. Growth results when the combined inputs, the sum of all flows increasing a stock, are greater than the combined outputs, the sum of all flows that reduce the stock. This is true whether the factor is a tangible item like people; industrial capital, or materials; or some more intangible item such as prestige, trust, or faith. The generic situation is illustrated below.

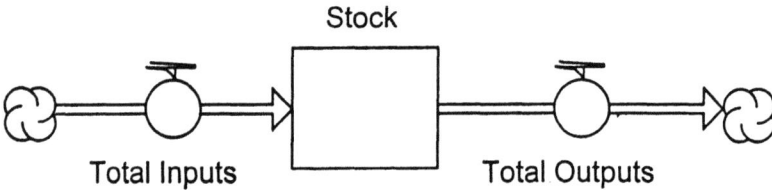

The stock in this diagram represents any conserved quantity. Many stocks are physical, like liters of water, tons of steel, numbers of batteries, kilometers of roads, capacity of electricity plants, and number of people. But growth, and decline, can also occur in non-physical factors such as respect, patriotism, fame, and integrity. It does not matter what names are attached. So long as the sum of all processes that cause increase is greater than the sum of all processes that cause decrease in a stock, the stock will grow. When the combined inflows are bigger than the outflows, there will be growth. When the combined outflows are bigger than the inflows, there will be decline.

If the expansion occurs at a constant rate, the growth is linear - 1, 2, 3, 4, 5 etc. If the expansion occurs at a rate which is more-or-less a constant fraction of the existing size of the factor, the growth is exponential. If, for example, the growth fraction is 2, the quantity would expand - 1, 2, 4, 8, 16, etc. Both population and industry tend to expand as a fraction of what already exists. Population growth is a product of population and fertility; industrial growth is a product of the stock of industrial capital and the investment rate. So both are growing approximately exponentially. As

Technological advance and growth in population and industry

sequence, the factors that must expand to support a growing population and industry - food, energy, water, and so forth - are also growing more or less exponentially.

The significant feature of exponential growth is its capacity to produce very large numbers very quickly. As an illustration of this, consider a pile of paper sheets. Suppose it is comprised of paper thick enough that 16 pieces on top of each other give a pile 1 cm thick. Imagine that I start with a pile containing 16 pieces. I could cause the pile to grow linearly by adding one additional piece of paper each ten seconds. Or I could cause the pile to grow exponentially by increasing it by a constant fraction every ten seconds. In this example, I will use a simple fraction, 2. Imagine that every ten seconds I double the size of the pile. After ten seconds I would put on 16 sheets. Ten seconds later I would add 32. Ten seconds after that, one half minute into the exercise, 64 sheets would be added to the pile.

In the first case, linear growth, after 5 minutes the pile will be a bit less than 3 cm high. In the second case, exponential growth, after 5 minutes the pile will be a bit higher than the distance from Amsterdam to Tokyo. It will be 10,800 kilometers high! Of course most exponential processes sustain growth fractions of a few percent, rather than 200%. But global growth processes extend over time periods of decades and centuries, not five minutes, so even low growth rates will produce enormously large numbers. This example shows, in abbreviated form, the power of the exponential growth processes we have created throughout our society and economy.

Every physical factor has a maximum sustainable level on a finite planet. Even if we cannot specify precisely that size of that level, we can be sure it exists. Even if we cannot specify precisely the time required for a factor to reach that level, we can be certain that exponential growth will bring the factor to its maximum sustainable level very quickly.

Over the last 200 years in the West, the inflows have normally been bigger than the outflows, so we have had growth in most of our physical stocks. And we have come to think that growth is inevitable, to think that growth is desirable, and even to think that it's automatic.

Growth is none of those! Growth requires very special conditions. When they are lacking, expansion can easily turn into stagnation or decline. Growth often produces negative side effects. And it requires great effort to sustain. Any factor that changes exponentially, such as population and industrial capital, can decline as well as expand.

Indeed, sustained, rapid, physical expansion has been rather rare during our species' tenure on this earth. For example, the physical standard of living changed very little in Europe between the year 1000 and the year 1800. And during humanity's entire existence on the planet, for more than 100,000 years up to the year 1800, we had accumulated fewer than a billion people, less than a fifth the number that have been added to the global population in the past 200 years.

The long-term historical norm has been for stocks to be essentially constant from year to year, or from century to century. And there have been long periods of decline. It is easy to find examples. The quality of the road stock in Europe generally declined after the final fall of the western Roman empire - for almost 1000 years. In the year 1000 it took longer to get from Rome to Paris than it did in the year 400. The long history of China shows several periods of declining population. Of course, population also declined in Europe during the great plagues of the Middle Ages.

The population depends today on use of renewable and on the use of non-renewable resources. Wood and water are examples of the first; petroleum and copper are examples of the second. On a finite planet, non-renewable resources are also finite. Eventually humanity will need to base its existence mainly on the use of renewable resources. That is, it will have to return to the mode which prevailed for millennia across the planet before the industrial revolution and the exploitation of fossil fuels.

The transition to sustainable levels of renewable resource use will be very difficult, because, unfortunately, growth in population and industry have pushed global use of materials above the long-term sustainable level. Measuring the ultimate support capacity of the globe and estimating our current demands against it are both very difficult scientific problems. The data are very bad, there are enormous disparities in use and supply of resources across the planet, and it requires judgement to convert non-renewable energy and resource flows into their renewable equivalents. So any effort to estimate the level of humanity's current exploitation of the planet's sustainable resource flows involves a host of approximations, guesses, and compromises. But progress at measurement is being made. And it is better to look at approximate answers than to ignore the important questions.

Presently the best available indicator of our relation to long term sustainable levels is an index created by Mathis Wackernagel. He calls it the

Technological advance and growth in population and industry

"Global Ecological Footprint" (GEF). The GEF is a measure of how many renewable resource equivalents mankind uses each year, compared with the renewable resources that can be generated sustainably each year by the planet.

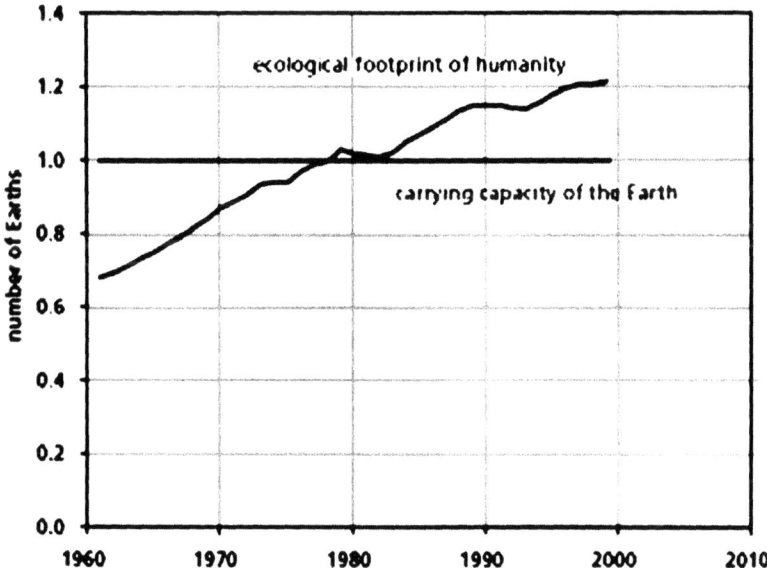

The Global Ecological Footprint

According to Wackernagel's calculations, in 1972, when we wrote *The Limits to Growth*, humanity was using about 85% of the earth's capacity to generate resources. By 2005 the total demands of the global population had grown to 30% above the limit.

Notice, that Wackernagel's calculations portray a very optimistic picture, in two ways. First, Wackernagel assumes that the carrying capacity of the globe stays constant even when material use is above the long-term sustainable level. We know that is not true. When one exceeds the carrying capacity of an ecological system, the system itself begins to deteriorate. The carrying capacity steadily begins to erode. Second, Wackernagel only measures the current and the past. He does not make any statements about what will come in the future. He does not speculate on the path humanity will follow in order to come back down below its long-term limits.

This is not a criticism of Wackernagel. If I managed his institute, I, too, would adopt both assumptions. It is important not to let side issues distract from the central point - humanity is above the long-term carrying capacity of the planet. But Wackernagel's simplifications mean we must assume his estimate of the current carrying capacity is probably greater than the real number, and we must supplement his analyses with our own forecasts of the future.

Many wonder how it is possible to be above the limit. What is a limit, if you can move past it? The answer lies in the difference between a short-term and a long-term constraint. Consider the example of a bank account which does not permit a negative balance. If you save money for a long time without spending any, your bank account will accrue a large balance. Of course, over the long term you can not take out of your bank account more money than has been added by your own past savings and by interest accrual. However, for a brief period, for example a year, you could withdraw from the bank account much more than the sum of your savings and interest accrual during that year. You would do this by drawing down the balance that had been built up previously. This overspending can continue until your profligacy has brought your bank balance back down to zero. Over a short period you can spend at a much faster rate than you can over the long term.

What is true for the financial resources in your bank account is also true for the planet's ecological "savings account." Natural resources accumulated during the millions of years when there were no human demands against the system. Forests gradually covered the land, aquifers filled up with water, fertile soil built up, wildlife species became diverse, fossil fuels accumulated, and so forth. Now, for a relatively short time, we are using up these "savings" faster than the planet can generate them. We are cutting down forests, pumping down ground water reserves, eroding soil fertility, extinguishing wildlife species, and burning up fossil fuels faster than they can be regenerated. But soon, like all spendthrifts, we will be forced to quit overdrawing our accounts.

This fact is generally ignored except in select areas. For example, there is a rising awareness that humanity can not much longer sustain growth in CO_2 generation above sustainable levels. We can generate CO_2

sustainably, so long as we do not exceed the earth's capacity to sequester carbon in the rocks and the sea. But we are far, far above that limit. Thus CO_2 is accumulating; solar heat is building up; and the climate is beginning to change. We don't know what lies ahead, but historical experience and scientific analyses both suggest that the negative consequences of climate change will be much greater than the positive ones, and they may even be catastrophic for our species.

Despite this growing awareness, our policies related to CO_2 emissions and climate change still exhibit the misconceptions about technology that characterizes our response to problems of growth more generally. We expect that technology will give us solutions to avert the threats of climate change while also permitting our policies to continue more or less without change and allowing us to avoid any drastic reduction in our living standards. This is simply unrealistic; we are asking more from technology than it can deliver.

In this book you will encounter the term "technology" many times. But beware! Although the word is often used, it is a very ambiguous term. You will see it used with many different connotations. Here I will mention only three to illustrate the diversity of views.

For some people "technology" has an almost religious force. They speak of it as if it were an incomprehensible and pervasive influence that evolves automatically to satisfy our needs - quickly, cheaply, and without harmful side effects. Many economists are in this group, and they add to the above beliefs a faith that technology is inherently exponential and will grow faster than the problems it addresses.

For other people technological advance is a narrowly-defined tool used to realize personal or organizational goals - to make more profit, raise military power or enhance prestige. They pursue technological advance to give their products or services or tools features that competitors do not have. Their interest is short term, and they really do not care about any costs of their innovations to society or the environment, so long as those costs are paid by others.

Politicians often refer to technology as an excuse for ignoring ethical questions. Because they assert that technology will solve all problems, like hunger or water pollution, they do not explicitly have to take responsibility for any damage, inequities, or deprivations produced by their own policies.

They assume that if they take care of the short term, the long term will take care of itself.

I have a different view of technology. And to avoid ambiguity, I will assign a very precise meaning to the term. Technology is a conversion process. It is a way of transforming inputs into outputs. The process of transformation generally involves machines and human services. Plus there is always an input of energy to the process. The detailed nature of the conversion is not important to me here. What matters for this discussion is the set of simple ratios that characterize the conversion process.

Identify a valuable output and a scarce input for some conversion process; then find their ratio. The resulting number is one measure of the technology for that process. I will cite several examples. Two commonly used indicators of a car's technology are kilometers travelled per 100 liters of gasoline and maximum kilometers travelled per hour. For a furnace, a possible measure of technology would be the Btu's of energy put into the house per liter of fuel consumed. In agriculture, technology is measured in many ways, for example with the indicator, kilograms of crop produced each year per person-hour of labor. Illustrative measures of military technology are the ratio of shots fired to hits on the targets or the area destroyed per bomb. Technology for prestige might be measured, for example, by the height of a building, (the number of square meters of useful floor space divided by the surface area of the foundation).

This way of viewing technology reveals the central importance of the judge who determines what is considered to be valuable and what is considered to be scarce. Different actors will have different opinions about this, and their views typically change over time. Race car drivers, for example, may seek new technology to increase the speed of their car; commuters may wish for technological advance that will increase the safety, comfort, or fuel economy of their cars.

Notice that different measures of technology for the same system are often incompatible. Increasing one of them typically will force you to reduce another. For example, higher car speeds mean poorer fuel efficiency. Lowering the CO_2 produced per kilowatt hour of electricity also will lower the fuel efficiency of the electric generator. Very seldom do we get offered a dominant technology, one for which all the output/input ratios are better than for the technology's predecessor. So it is enormously important to recognize the values of the person who controls the process generating technological advance. One man's boon is another man's bane.

Technology does not advance by itself. It does not select its own goals. It does not happen instantaneously. It is not free - there typically will be great costs both to develop it and to bring it into widespread use. Technology only improves when some decision maker, an individual or organization, selects a ratio to be increased and then invests the substantial money and time required to develop new conversion processes. And it is extremely important to notice that a new device in the laboratory, even if it offers fabulous improvements in some important ratio, has no practical impact on society. In order to affect social problems, the technology must be widely used. That normally means setting up production facilities, training sales and service personnel, advertising, and forcing older technologies out of their markets. It will often require changing regulations and altering legislation that establishes standards and economic incentives. Going from the laboratory to significant market penetration can take decades and cost much more than the original development process that produced the first prototype.

No one will invest in technologies that increase outputs they consider to be worthless or that reduce requirements for inputs they consider to be free. Even if the outputs or the inputs are, in fact, crucial to our species, there will be no effort to change the technology governing them, as long as the perceptions are wrong. Thus, for example, until very recently technologies that might reduce the amount of CO_2 produced per kilowatt hour or per kilometer of travel were ignored. The amount of CO_2 emissions was considered to have no positive or negative value for our society. Now we recognize that CO_2 buildup causes climate change, a profoundly important cost, and so we are suddenly interested in developing and disseminating technologies that reduce the CO_2 intensity of our production processes.

Similarly on the input side. So long as society considered pure water to be a free good, there was little interest in developing or using technologies that would reduce water requirements. Now pure water is starting to be considered very valuable, and suddenly there is striving to develop technologies that reduce the amount of water required in processes such as irrigating crops, emptying toilets, and manufacturing products.

Technologies advance where investors see possibilities of satisfying their own goals. Often this will not be where there is a the most urgent social need. So, for example, American drug companies spend more money trying to develop technologies for reducing baldness in the rich than they do to develop technologies for reducing HIV in the poor. The reason is simple. A drug that is effective against baldness will generate much more corporate profit than one that is effective against HIV. And because of its priorities the US government spends much more developing new military technologies than it does developing technologies that could reduce energy use or counteract climate change.

It is meaningless to talk about technology as an independent force. When someone casually dismisses a problem by claiming that technology will solve it, force them to be specific. They should answer many questions. Who will develop this technology? What will it cost to create, produce, and disseminate? Where will that money come from? What delays will be involved? Will the solution be available in time to avoid serious consequences from the problem? Who will have an incentive to resist the new technology, because they get profit or prestige or employment from the current technology? What negative side-effects may be produced by the technology?

Until there are realistic answers to these and other questions, it is impossible to make useful statements about the impact of any future technology on a specific problem. Any casual statement that "technology will solve the problem," made without addressing these questions, is either uninformed or disingenuous (unaufrichtig).

Those who claim that technology will solve our problems, ignore the interaction between technology and other important features of our global society. A more accurate portrait is given in the following equation.

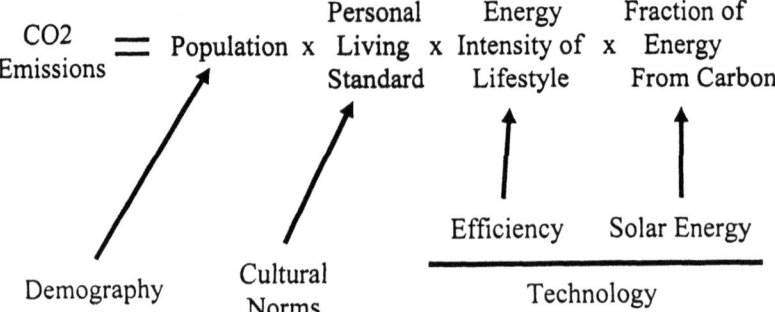

This equation has been adapted for the case of CO2 emissions. But an analogous equation could be written to explain the growth in any aspect of our global society.

CO2 emissions are equal to the product of four different factors: Population, Personal Living Standard, Energy Intensity of the Lifestyle, and Fraction of Energy from Carbon Sources.

The last two factors are influenced by technology. We can pursue technology development to make available new processes that reduce the energy intensity of our lifestyle. For example, hybrid cars give the same level of transport, but require less fuel. Fluorescent bulbs give the same level of light, but require less electricity. We can also pursue technology development to make available more energy from non-carbon sources, such as solar energy.

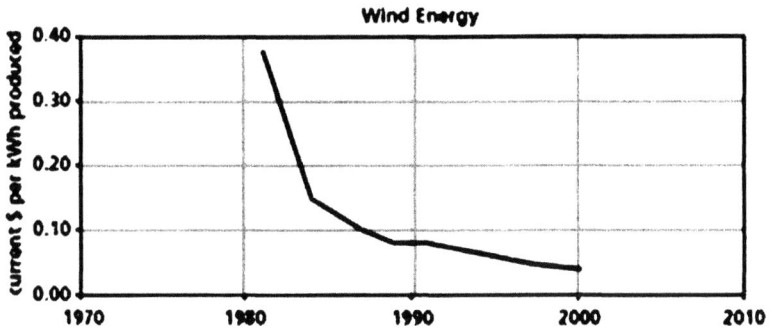

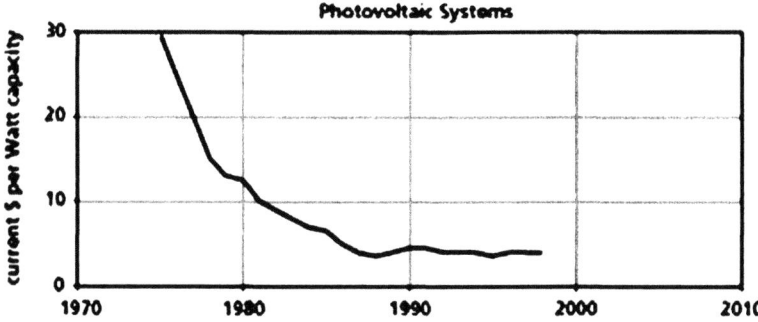

Renewable Costs are Declining

Both of these are important and promising areas for effort. You can see from the illustrations above how technology development has reduced the cost of producing electricity from wind and sunlight.

But even great success with these two technology strategies will not reduce CO_2 emissions as long as population or personal living standards continue to increase.

I provide one illustration. Recently there has been great excitement about energy efficient light sources, such as compact fluorescent lights. Adopting them is a way to reduce the energy intensity of lifestyle in the above equation. Suppose these lights reduce energy per lumen by about 50%. Even with 100% adoption of these lights, the CO_2 emissions from light will continue to grow as soon as the product of population and demands for light/person have doubled - just a few years.

Thus technology is an important part of the solution. But it is not, by itself, the solution. It can only reduce the growth of the problem, giving time to focus on the central issues - population growth and the ever-increasing demand for better living standards.

I will express this thought in a different way. Any effort to solve with technology alone a problem caused by growth on this planet will fail. Efforts to avoid climate change by technological change alone will fail. Efforts to eliminate starvation by technological change alone will fail. Efforts to deal with rising oil scarcity by technological change alone will fail. Lasting solutions to these and the other profound global issues require that we stop population growth and eliminate the expectation that everyone, everywhere is going to continue achieving an ever- higher living standard.

This is neither a common nor a popular view. Politicians, industrialists, and other leaders do not gain popularity or profits by telling citizens to cut back. There is an overwhelming pressure to look for the technological advance that will let us all keep our growth and our pretensions.

But where will that lead us?

Our global model permitted us to do one thing that Wackernagel does not; it let us project out the possible future; it let us create a set of scenarios about change in population, industry, and material use through the year 2100. Our model absolutely does not permit us to predict the future. That is impossible, because the future depends on decisions that have not been made yet and that we can not specify in advance. But our model does permit us to test different assumptions about the future, including the assumption that society continues to rely solely on technological change and ignores the need to cut back.

The 13 scenarios we presented in our 1972 book showed a variety of outcomes - some catastrophic and some very attractive. But when reliance was solely on technology as the dominant policy, the future portrayed by our model is one of overshoot and decline. This future is illustrated in a scenario from "Die Grenzen des Wachstums."

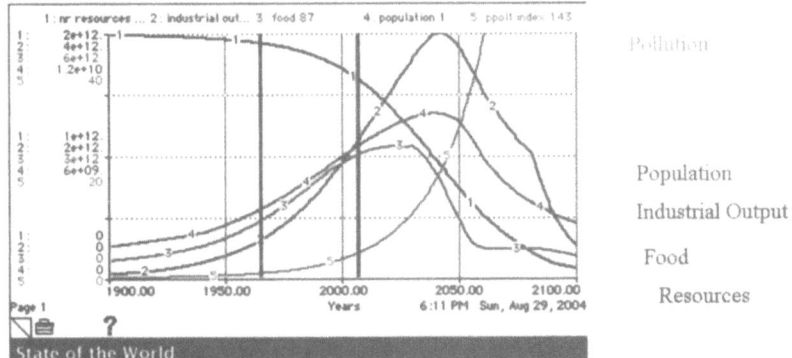

The Reference Scenario

Three features of this scenario are extremely important to understand. The first feature is the timing of the expected problems. In 1972 we concluded that growth in most global factors, such as population, would continue at least through the year 2000. And it did. Our model did not foretell any serious problems at the level of global aggregates during the period 1970 - 2000. But even in 1972 we did expect that the period 2010 – 2040 would exhibit really serious pressures. This view was reinforced by the studies conducted to produce our second edition in 1992 and our third edition in 2004.

The second feature involves the scale of the decline. Notice in the scenario that even after several decades of decline, late in the 21st century, there are still more people, more food, and more industry, than there were, for example back in 1900. So our model does not suggest the imminent end of our species on the planet. It simply indicates that humanity's use of materials is above long-term sustainable levels, and it will be forced back down, one way or another.

The third feature is the cause of the decline. That cause varies from scenario to scenario, depending on the assumptions made about culture, technology, and the endowment of the earth. But in this particular scenario, food shortages are the initial brake on population growth. We do not predict famine; we list it as just one possibility. In this scenario, at about the year 2020 global food production peaks out, and starts to decline.

Of course famine could be averted through concerted efforts at enhancing soil productivity. But we showed in our book that, if we use only technology to solve the food problem, then population and industrial growth simply continue a bit longer until a different problem arises, for example excessive pollution. And if you use technology to solve that problem, you sustain growth a bit longer until yet another problem arises, for example resource depletion.

We need a totally different perspective. The forces like climate change, famine, disease, and water scarcity, which society treats as problems, are actually NOT problems. They are symptoms. The problem is growth on a finite planet. As long as there is growth, pressures will mount against it, one way or another. We have no choice about that. Our only choice is between two options - we can proactively select the forces that will stop growth, or we can ignore the issue and let the global environment pick the forces.

If we choose, we will probably work to reduce the inputs to the global stocks. For example, we will try to reduce fertility and lower the investment rate. If the environment chooses, it will probably work on the outputs. It will raise the death rate and accelerate deterioration and obsolescence of our capital stocks. The first approach would leave us a society more able to meet our basic needs.

Technologieentwicklung – Eine Geschichte massiver Nebenwirkungen

Klaus Woltron

Die Geschichte menschlicher Erfindungen ist auch eine Geschichte ungewollter Nebenwirkungen. Ohne Marx in seiner ganzen Breite heranziehen zu wollen – er hat Recht, wenn er feststellt, dass die den Menschen immer stärker einengenden Umstände von ihm selbst hervorgebracht wurden und werden. Dies gilt in besonders hohem Maße für technische Erfindungen, welche allesamt die Biosphäre des Planeten und damit die Umwelt des Menschen grundlegend veränderten. Alle Technologien, die das unmittelbare Überleben in der Umwelt von Nomaden und einfachen Bauern sichern, wurden bereits in vorgeschichtlicher Zeit entwickelt (s. obenstehende Abb.) Bis zum 19. Jahrhundert konzentrierte sich der menschliche Erfindungsgeist hauptsächlich auf Kriegsgerät, brachte daher über viele Jahrtausende nichts wesentlich Neues hervor, um dann in einer wahren Explosion an Kreativität alles, was die heutige technisierte Welt charakterisiert, in die Welt zu bringen(s. untenstehende Abb.)

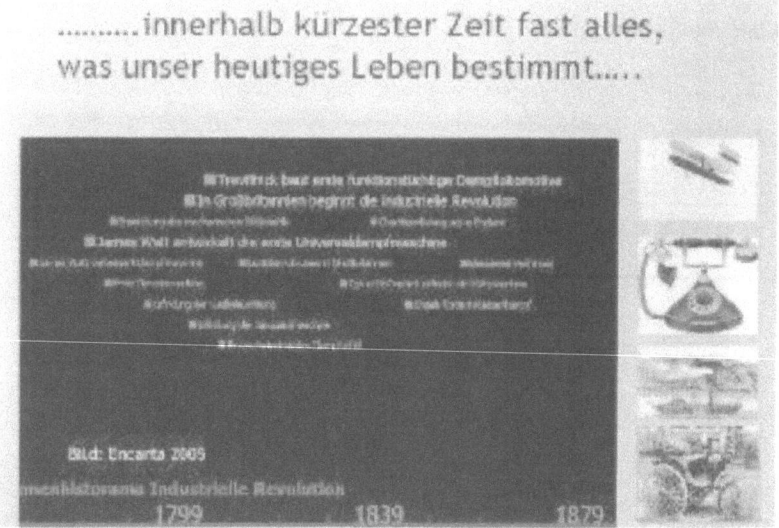

Das, verglichen mit anderen geschichtlichen Zeiträumen, äußerst kurze Wirksamkeitsintervall dieses Geschehens, das bis heute anhält, veränderte die Welt grundlegend. Die Summe der unbeabsichtigten Nebenwirkungen bilden in ihrer Gesamtheit eine massive Bedrohung der Grundlagen menschlicher Kultur, Zivilisation und, im Extremfall, des Überlebens der Menschheit. Die nachstehenden Darstellungen verdeutlichen die Dialektik des Geschehens.

Technologieentwicklung – Eine Geschichte mit Nebenwirkungen

Das Wechselspiel Problemlösung / Erzeugung neuer Herausforderungen anhand einiger Beispiele

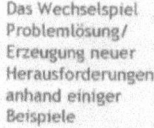

Automobil

Siegfried Marcus' Entwicklung verhalf Millionen Menschen zu einer Erweiterung ihres Aktionsradius, schuf Millionen Arbeitsplätze und beschleunigte den Welthandel.

Negative Folgen:
Verlust an Lebensqualität in den Städten, Bodenversiegelung, Emissionen, Erderwärmung, Ressourcenplünderung

Information

Elektronische Kommunikation und World Wide Web haben den Zugriff auf Daten und Informationen in ungeahntem Ausmaß erleichtert und beschleunigt, Menschen einander näher gebracht, weltweite Zusammenarbeit erleichtert und Handel und Finanztransfers beschleunigt.

Negative Folgen:
Desinformation, Unsicherheit betreffend den Wahrheitsgehalt von Informationen (Datenflut), Erleichterung terroristischer Akte, von Finanzspekulationen und Söldnage.

Medizin und Medizintechnik

Der Fortschritt der Medizin, der Pharmazie und der technischen Hilfsmittel bei der Behandlung von Krankheiten führte zu einer drastischen Verlängerung der Lebensdauer, Verbesserung der Lebensqualität und der Anzahl der Erdenbewohner.

Negative Folgen:
Übervölkerung, Migration, soziale Ungerechtigkeiten bei der medizinischen Betreuung, Verteilungsprobleme

Der Traum vom Fliegen

Sehr viele Menschen können sich heute den uralten Menschheitstraum erfüllen. Ohne Flugverkehr wären die Weltwirtschaft, der Tourismus und damit die Existenzbasis von hunderten Millionen Menschen, nicht denkbar.

Negative Folgen:
Umweltbeeinträchtigung, Energieverschwendung, Lärmbelästigung, Emissionen

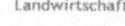
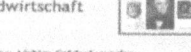

Landwirtschaft

Justus v. Liebigs Entdeckung der Stickstoffdünger-Synthese führte zu einer enormen Steigerung der Bodenerträge und zum Rückgang von Hungersnöten.

Negative Folgen:
Sprunghafter Bevölkerungszuwachs, Übervölkerung, Migration, Umweltbeeinträchtigung und Artensterben

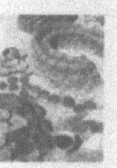

Lebensqualität, Wissensgesellschaft und Individualisierung

Die erfolgte Befriedigung unmittelbarer Lebensbedürfnisse der Menschen in den Industriestaaten, der Rückgang der Arbeitszeit, zunehmender Wohlstand führen zu einer Zunahme der Obsorge um den Einzelnen, Konzentration auf Ausbildung und Wissen, Konsumation von Wellness- und Freizeit-Anboten, Entertainment, Individualisierung, Konzentration auf das Ich, Spaß-Gesellschaft.

Negative Folgen:
Werteverlust, Rückgang des Gemeinschaftsgefühls, übersteigerter Egoismus, soziale Erosion, Rücksichtslosigkeit, Abschottung

Geld und Warenaustausch

Das Medium Geld ermöglichte den weltweiten Warenaustausch, die arbeitsteilige Gesellschaft, die Speicherung und den Transfer von Kapital und eine ungeahnte Zunahme des materiellen Wohlstands.

Negative Folgen:
Soziales Ungleichgewicht, Finanzkrisen, Spekulation, Manipulation, Übergewicht materieller Ziele, Hast und Unrast.

Wirtschaftswachstum

Aktienmärkte, Wissenstransfer, Transfer von Produktionen, elektronischer Geldverkehr und Mobilität haben zu einer enormen Zunahme des Wachstums der Weltwirtschaft, des Wohlstandes in den Industriestaaten und auch in den Schwellenländern geführt.

Negative Folgen:

Wachsende Kluft zwischen Arm und Reich, Umweltbeeinträchtigung und Ressourcenplünderung, Übervölkerung, Migration.

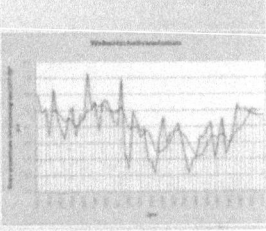
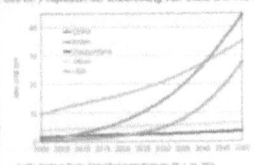
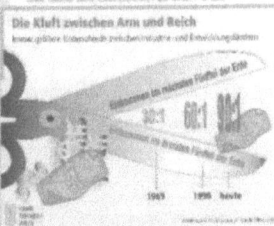

Technologieentwicklung – Eine Geschichte mit Nebenwirkungen

Gewolltes und Ungewolltes

	Innovationswelle	Benefiz	Schäden
1	Dampfmaschine, Baumwolle	Wegfall körperlicher Fronarbeit; Bessere Bekleidung; Organisierte Arbeit	Soziale Spannungen, Ausbeutung; Kolonialismus; Emissionen
2	Stahl, Eisenbahn	Steigerung Mobilität und Handel; Arbeit für mehr Menschen; Warenaustausch	Abholzung; Emissionen, soziale Verwerfungen
3	Elektrotechnik, Chemie, Düngemittel	Steigerung des Bodenertrags; Verbesserung vieler Herstellungstechnologien	Überproportionales Bevölkerungswachstum; Bodenerosion, Giftstoffe, Artensterben
4	Petrochemie, Automobil	Individuelle Mobilität; Flexibilisierung Transport; Tourismus	Bodenversiegelung, Emissionen, Lärm, hohe Unfallzahlen, Verlust von Wohnraum, Ressourcenverschwendung
5	Kernenergie, Raumfahrt, Informationstechnik	Beschleunigung Handel und Wissentransfer; Demokratisierung Wissen; Pressefreiheit; Globalisierung Wissen und Kapitaltransfer	Gefahr Proliferation Kernwaffen, Desinformation, Nachteile der Globalisierung
6	Wissensgesellschaft, Psychosoziale Gesundheit	Demokratisierung, Verbesserung Ausbildungsystem, Ausgangsbasis für Neuentwicklungen, Biotechnik, Ökotechnik, Systemtechnik, Medizintechnik, Pharmazie	Risiken der Gentechnik, Zunahme Egoismus, Überbetonung Individualität, Entsozialisierung, Werteverlust, Vereinsamung, Zunahme der Aggressivität, kulturelle Verflachung

Symposion am 15. Nov. 2006

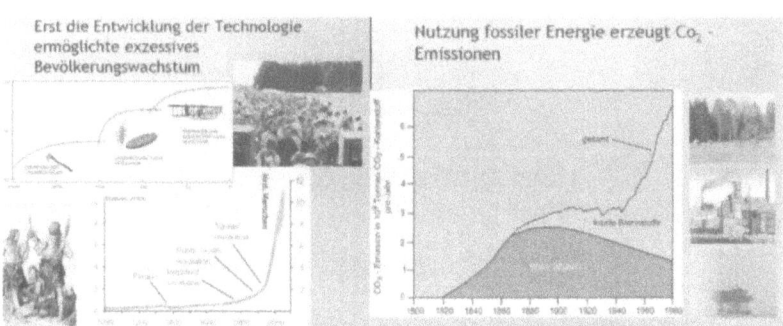

Erst die Entwicklung der Technologie ermöglichte exzessives Bevölkerungswachstum

Nutzung fossiler Energie erzeugt CO_2-Emissionen

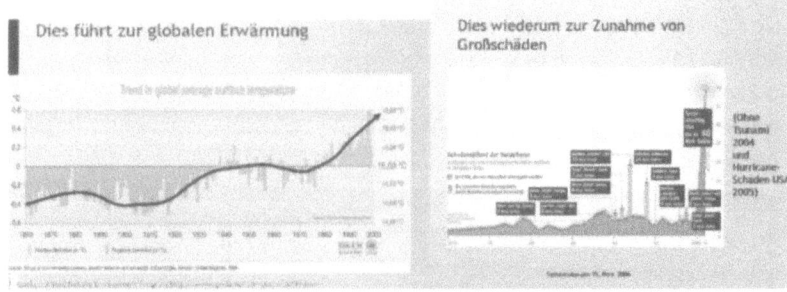

Krieg und Aggression

Tabelle 1. Kriege 1945-2000 nach Typen

Kriegstyp / Region	A	B	C	D	AB	AC	AD	BC	BD	ABC	ABCD	Gesamt
Afrika	1	11	4	8	9	2	2	2	1	1	1	50
Asien	11	17	14	2	5	4		2				55
(Ex-)UdSSR	2	9										11
Europa	5	5			1			3	1			13
Lateinam.	23	1	5									29
Naher Osten	5	10	11	1	6				1			36
Insgesamt	65	51	34	11	21	7	2	7	2	2	1	203

(A) Antiregime-Kriege (B) Innerstaatliche Religions-, Sezessions- und Stammeskriege (C) Zwischenstaatliche Grenzkriege (D) Dekolonisierungskriege
Quelle: Eigene Berechnungen und Aktualisierung auf der Grundlage der Kriegslisten v. Klaus Jürgen Gantzel/Torsten Schwinghammer (1995, S. R-222-230) sowie Thomas Rabehl (2000).

Technologieentwicklung – Eine Geschichte mit Nebenwirkungen 33

Nimmt man all die derzeit kulminierenden Problemfelder und Risken zusammen und versucht, sie zu quantifizieren, ergibt sich eine Schlussfolgerung wie in obenstehender Abbildung zusammengefasst.

Nach Meinung des Autors liegt das kurzfristig weitaus höchste Risiko im unkontrollierten Ausbruch von Verteilungskämpfen um die zur Neige gehenden Energievorräte in Verbindung mit der Proliferation von Atomwaffen und der Auseinandersetzung zwischen der westlichen und islamischen Welt.

Diese bereits sehr realen Friktionen könnten denkbare friedliche Bewältigungsstrategien, wie sie in der westlichen Welt ansatzweise bereits realisiert werden *(Millenniumsprogramm der Vereinten Nationen, Global Marshall Plan etc.)* überholen und unmöglich machen (s. untenstehende Abb.).

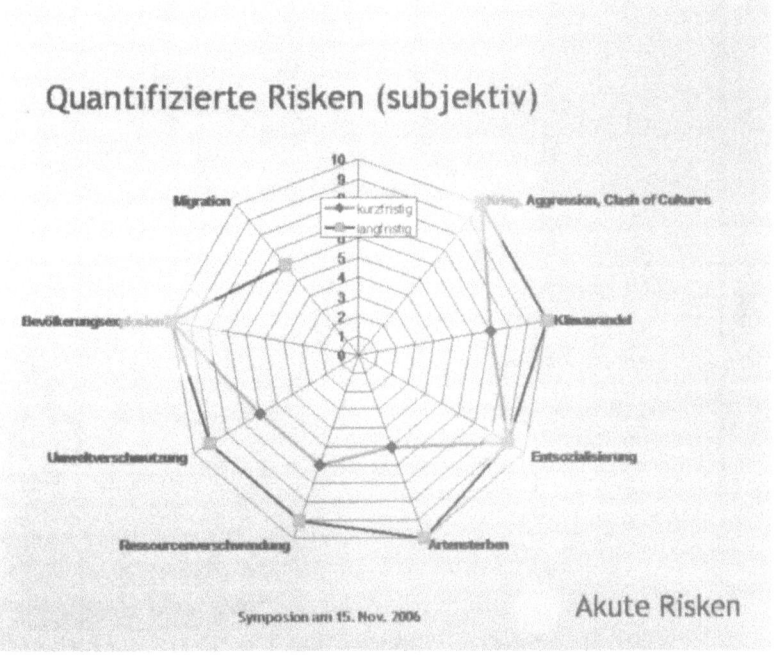

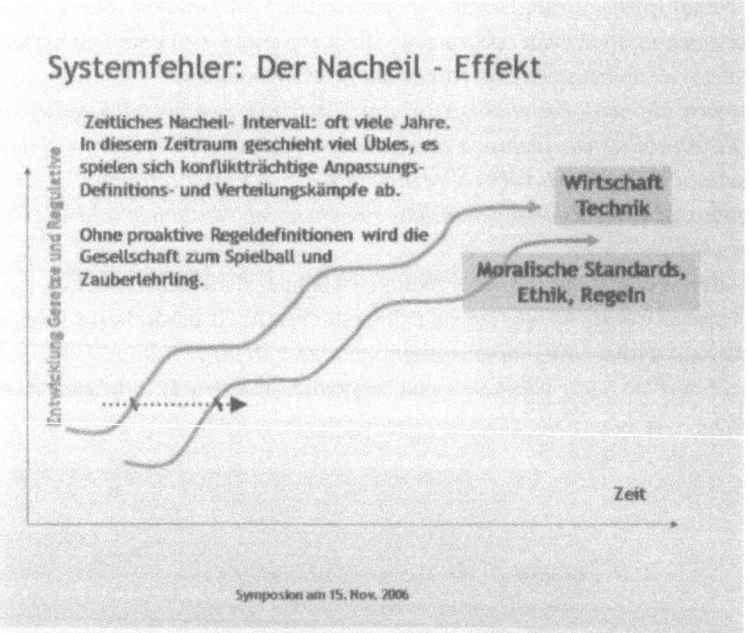

Technologische Entwicklungen und Nachhaltigkeit – ein Widerspruch?

Markus Knoflacher

In vielen Diskussionen über Segen und Fluch unserer Technologien sind sich die beteiligten Personen rasch darüber einig, dass die Probleme mit der so genannten Technischen Revolution begonnen haben. Die nähere Betrachtung der Zusammenhänge zeigt aber, dass technologische Entwicklungen untrennbar mit der Menschheitsgeschichte verbunden sind. Um die Zusammenhänge besser zu verstehen, ist es notwendig, zuerst die funktionellen Bedingungen unserer Existenz zu erläutern. Dies erleichtert das Verständnis der Vorteile technologischer Entwicklungen, die auch Gefahren in sich bergen. Die Hauptgefahren liegen jedoch weniger in den Techniken, als vielmehr in uns selbst. Wir alleine entscheiden, ob und wie wir Techniken einsetzen. Doch dieses Wir ist vielschichtig, es bezeichnet uns als Einzelperson ebenso wie unsere Gesellschaft und ihre Regeln. Der Umgang mit den selbst gestellten Herausforderungen wird zeigen, ob unsere Art zu Recht als *Homo sapiens* bezeichnet wird, oder ob wir in eine evolutive Sackgasse gehen.

Evolutive Rahmenbedingungen der Nachhaltigkeit

Prinzipien der Nachhaltigkeit im Kontext des globalen Systems

Das gegenwärtige gesellschaftliche Konzept der Nachhaltigkeit beruht auf der Definition des Brundtland Reports (UN 1987). Darin wird eine Entwicklung gefordert, die den Bedürfnissen der gegenwärtigen und der zukünftigen Generationen gerecht wird und auf der nachhaltigen Nutzung aller erneuerbaren Ressourcen beruht. Gefordert werden auch die Erhaltung der Biodiversität und die Minimierung der Umweltzerstörung. Nicht zu finden ist hingegen die Definition des „nachhaltigen Wachstums", die zur Standardphrase wirtschaftlicher und politischer Sonntagsreden verkommen ist.

Das zentrale Ziel nachhaltiger Entwicklung sollte in der gerechten Erfüllung der Bedürfnisse aller lebenden und zukünftig geborenen Menschen unter möglichst geringen Schädigungen der Umwelt liegen. Abgesehen von den Forderungen nach der Erhaltung der Biodiversität und der nachhaltigen Nutzung erneuerbarer Ressourcen, schränkt diese Definition das Ausmaß der Erfüllung menschlicher Bedürfnisse nicht explizit ein. Haben wir also doch alle Freiheiten zur Erfüllung unserer Bedürfnisse und müssen dazu nur die Erde nach unseren Vorstellungen gestalten? Hat sich der Mensch als „Krone der Schöpfung" aus den Fesseln des globalen Systems befreit? Ist die Evolution zu Ende und wir sind nur mehr zur musealen Erhaltung eines ihrer sichtbaren Ergebnisse, der Biodiversität, aufgerufen?

Im alltäglichen gesellschaftlichen Leben verschwinden die funktionellen Rahmenbedingungen unserer Existenz aus der Wahrnehmung. Viele Rahmenbedingungen, wie die Zusammensetzung der Luft zum Atmen, sind fast überall gleich und damit unauffällig. Nur manchmal stört der sorglose menschliche Umgang mit Energie und Materialien die Rahmenbedingungen ein wenig, beispielsweise wenn sich das Klima merkbar ändert. Andere Rahmenbedingungen, wie die Entstehung unserer Nahrung, liegen außerhalb des alltäglichen Beobachtungsbereiches und werden bestenfalls über Fernsehbilder vermittelt, mit lustigen Tieren und Pflanzen, liebevoll umhegt von fröhlichen Menschen.

Etwas anders stellen sich die Rahmenbedingungen unseres Lebens dar, wenn wir die systemaren Wechselwirkungen und energetischen Abhängigkeiten berücksichtigen. Wir Menschen repräsentieren nur eine unter Millionen Arten von Tieren, Pflanzen und Mikroorganismen. Und die Existenz aller Lebewesen beruht auf den Voraussetzungen der abiotischen Bedingungen, also der Stoffe in festen, flüssigen oder gasförmigen Zuständen und der Zufuhr von Energie aus der Sonne oder dem Erdinneren. Da alle Teilsysteme eigene Merkmale aufweisen, aber gleichzeitig von den Wechselwirkungen mit den anderen Systemen abhängen, lassen sie sich am besten mit dem Begriff Partialsysteme charakterisieren (Abbildung 1). Wir Menschen sind nur ein Teil des Zoologischen Partialsystems und haben uns im Laufe der Evolution, parallel mit anderen Arten, zu einer eigenen Art differenziert. Alle zwischenmenschlichen Beziehungen und sozialen Leistungen, wie beispielsweise Kultur, Recht oder Wirtschaft, existieren nur innerhalb der menschlichen Art und werden auch mit ihr untergehen. Im Vergleich zur zeitlichen Dauer der Existenz der menschlichen Art sind

Technologische Entwicklungen und Nachhaltigkeit – ein Widerspruch? 37

Kultur, Recht oder Wirtschaft vielfachen Wandlungen unterworfen. Sie haben aber keine Merkmale äußerer Rahmenbedingungen, wie beispielsweise physikalische Prozesse, die unabhängig von der Existenz des Menschen gültig sind. Der Blick auf diese hierarchischen Gegebenheiten wird leider getrübt durch die unkritische Anwendung wissenschaftlicher Paradigmen aus dem Bereich der unbelebten Natur auf gesellschaftliche Phänomene.

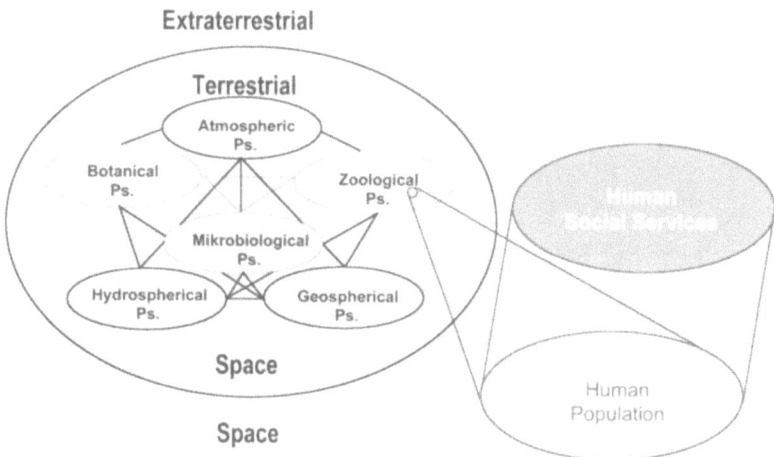

Abbildung 1: Die Position des Menschen in den funktionellen Subeinheiten der Ökosysteme, repräsentiert durch drei abiotische Partialsysteme (Geosphärisches, Hydrosphärisches und Atmosphärisches) und drei biotische Partialsysteme (Mikrobiologisches, Botanisches und Zoologisches). Quelle: M. Knoflacher.

Auf dem dynamischen Planeten Erde haben sich vielfältige Artengemeinschaften entwickelt, die im Laufe der Zeit ihre Lebensbedingungen so veränderten, dass auch Arten mit großen Kapazitäten zur Informationsverarbeitung, beispielsweise *Homo sapiens*, ihre Nischen in den Ökosystemen fanden. Bei einer undifferenzierten Betrachtung der globalen Energieströme erscheint diese Behauptung etwas kühn, da nur rund 0,1% der globalen Sonneneinstrahlung in Organismen (Kleemann & Meliß 1988) umgesetzt wird. Die Organismen sind auf der Erde jedoch in den Übergangszonen zwischen den abiotischen Partialsystemen konzentriert (Abbildung 2). Diese dünne Zone des Lebens überzieht die Erdoberfläche überall dort, wo Sonneneinstrahlung und Wasserversorgung die langfristige Existenz von

Organismen sichern. Zusätzlich finden sich in den Tiefen der Ozeane chemotrophe Ökosysteme, deren Energieversorgung auf der, vermutlich ursprünglichen, Nutzung chemischer Bindungsenergie durch Mikroorganismen beruht.

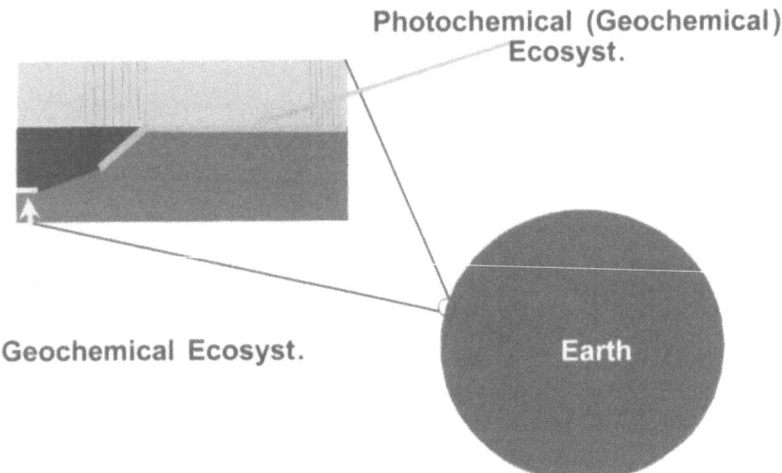

Abbildung 2: Die biotischen Partialsysteme sind im Bereich der verfügbaren freien Energie an den Grenzen der abiotischen Partialsysteme konzentriert. Quelle: M. Knoflacher.

Die großflächigen Aktivitäten der Organismen in den Übergangszonen der abiotischen Partialsysteme beeinflussen durch multiple und funktionell verbundene Prozesse die Lebensbedingungen auf der Erde. So nehmen Pflanzen selektiv chemische Elemente aus dem mineralischen Bodenmaterial auf. Dabei werden häufig vorkommende Elemente gegenüber seltenen und wasserlösliche gegenüber wasserunlöslichen bevorzugt (Mason & Moore 1985). Die Funktionen der Ökosysteme beruhen also auf den Wechselwirkungen zwischen ihren abiotischen und biotischen Komponenten. Die Reduktion der Biotope und der Biodiversität auf deren allein ästhetische Bedeutung für den Menschen (Leist 2005) muss deshalb aus systemarer Sicht als unzutreffende Vereinfachung abgelehnt werden. So verlaufen Teilprozesse des globalen Wasserkreislaufes gleichzeitig mit unterschiedlichen Prozessen des Gasaustausches und mit der Umwandlung von mineralischem Grundmaterial in die als Boden definierte Zone; eine

Technologische Entwicklungen und Nachhaltigkeit – ein Widerspruch? 39

der Grundvoraussetzungen der menschlichen Nahrungsproduktion. Angesichts der noch unzureichenden Kenntnis über die Wechselwirkungen der unterschiedlichen Prozesse in natürlichen Ökosystemen stellt sich die Frage, ob die gegenwärtigen Programme zum Schutz des Klimas und des Bodens ausreichen.

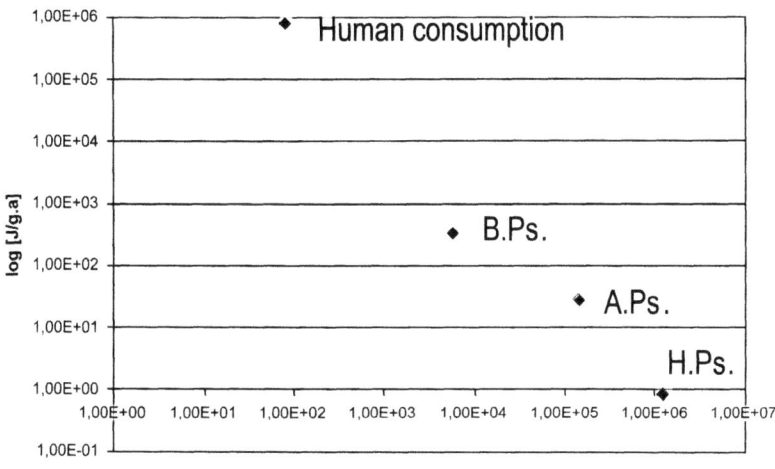

(Environmental heat of 2.5E6 EJ/a is not considered)

Abbildung 3: Vergleich des gegenwärtigen mittleren Energieumsatzes des Menschen mit den mittleren Umsätzen an Sonnenenergie im Botanischen (B.PS.), Atmosphärischen (A.Ps.) und Hydrosphärischen Partialsystem (H.Ps.). Quelle: M. Knoflacher.

Einer der Gründe für die vielfältigen Leistungen der Ökosysteme liegt im spezifischen Energieumsatz pro Masseneinheit. Dieser Energieumsatz liegt deutlich über dem durchschnittlichen spezifischen Umsatz der Sonnenenergie im Atmosphärischen und Hydrosphärischen Partialsystem (Abbildung 3). Es ist jedoch zu bedenken, dass die spezifischen Umsatzleistungen pro Flächeneinheit global ungleich verteilt sind. Die höchsten durchschnittlichen Umsatzraten pro Flächeneinheit erreichen tropische Regenwälder, Feuchtgebiete und dichte Algenbestände der marinen Flachwasserzonen (Lieth & Whittaker 1975). Diese Umsatzleistungen werden jedoch gegenwärtig durch die spezifischen Umsatzleistungen der menschlichen Gesellschaft übertroffen, die überwiegend auf der Nutzung fossiler Energien beruhen.

Ein besonderes Merkmal der Umsatzleistungen in Ökosystemen ist die Gestaltung neuer Ordnungen durch lokale Entropieabsenkung. Die Umwandlungsprozesse verändern chemische Verbindungen überwiegend so, dass sie durch andere Organismen wieder genutzt werden können oder die Nutzung freier Energie ermöglichen. Die Umwandlung von Stoffen für die Wiederverwertung ist eine spezifische Charakteristik der Organismengemeinschaften im Boden. Während die Primärproduktion der Pflanzen stationär abläuft, müssen Tiere als Konsumenten ihren Energiebedarf in der Regel durch Mobilität sichern. Der dafür benötigte Aktionsraum nimmt exponentiell mit der Körpergröße zu (Peters 1986) und ist, wegen der geringeren verfügbaren Energiedichte pro Raumeinheit, für Carnivoren deutlich größer als für Herbivoren (Abbildung 4). Diesen Grundregeln war auch der Mensch in den frühen Phasen seiner Evolution unterworfen.

Nahrung und Wasser stehen einem Primaten in der Größe des Menschen in unterschiedlichem Ausmaß und mit unterschiedlicher Wahrscheinlichkeit zur Verfügung. In niederschlagsreichen Ökosystemen der Tropen und Subtropen stehen Blätter und andere Pflanzenteile für Humanpopulationen mit einer ökologisch angepassten Besiedlungsdichte von rund 3 km^2 pro Individuum (Peters, 1986) in ausreichendem Maße zur Verfügung. Ein physiologischer Generalist kann seine Nahrung durch opportunistische Nutzung von Früchten, Aas und kleineren Tieren auch ohne Werkzeugnutzung ergänzen. Ohne Werkzeuge können Menschen aber keine großen Tiere erbeuten, da der Energieaufwand und das Verletzungsrisiko für die Jäger zu groß sind. Mit zunehmender Entfernung vom Äquator oder abnehmender Niederschlagshäufigkeit erschweren zusätzliche Faktoren – wie unregelmäßige Verfügbarkeit von Nahrung und Wasser sowie das höhere Risiko von Angriffen durch Beutegreifer in baumarmen Ökosystemen oder Krankheiten durch Infektionen – das Leben großer Primaten. Die Menschen waren zudem im Laufe ihrer Evolution tiefgreifenden Klimaveränderungen und damit ihrer gesamten Umwelt ausgesetzt (Koenigswald 2002). Die gegenwärtigen, idealisierten Diskussionen über Nachhaltigkeit erwähnen die immer wieder auftretenden Veränderungen der Lebensbedingungen in natürlichen Ökosystemen meist nicht oder verdrängen sie durch Bilder harmonisch abgestimmter Ökosysteme.

Technologische Entwicklungen und Nachhaltigkeit – ein Widerspruch? 41

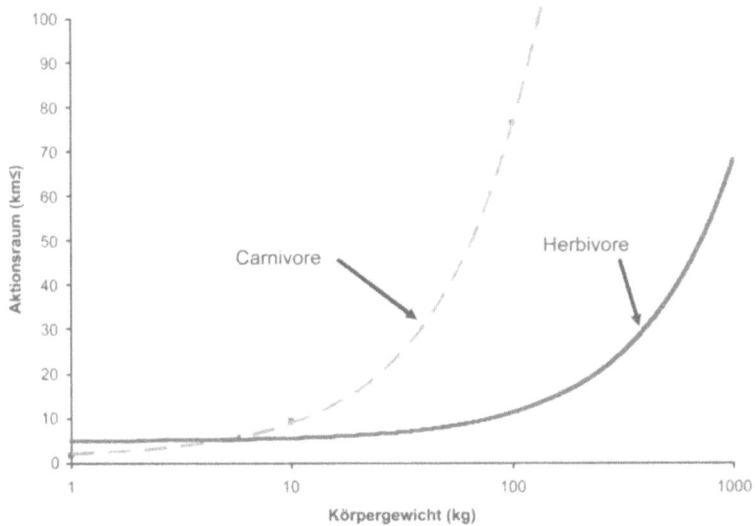

Abbildung 4: Funktionelle Zusammenhänge zwischen dem Körpergewicht von Säugetieren und der durchschnittlichen Größe des Lebensraums unter Berücksichtigung der Nahrungsquellen (nach Peters 1986).

Die gegenwärtige Gesellschaft kann die Prinzipien natürlicher Ökosysteme aus verschiedenen Gründen nicht direkt in Handlungsanleitungen für eine nachhaltige Entwicklung umsetzen. So ist es ethisch nicht vertretbar, das Leben von Millionen Menschen zu opfern, um rasch ökologisch tragbare Populationsgrößen zu erreichen. Möglichkeiten zur Überprüfung des Nachhaltigkeitskonzeptes an langfristigen Systembedingungen bieten jedoch die Beispiele gezielter Gestaltung der Umwelt durch sozial lebende Organismen, wie Termiten, Hautflügler, Vögel oder Säugetiere. Viele Arten errichten Bauten, die in den einfachsten Fällen zur Aufzucht der Jungtiere und zum Schutz gegen ungünstige Witterungsbedingungen dienen, zum Beispiel Kaninchen, Präriehunde, Murmeltiere, Wespen (Nowak & Paradiso 1983; Dettner & Peters 1999). Verschiedene Termiten- und Ameisenarten errichten hoch differenzierte Bauwerke, die neben der Brutpflege auch der Gewinnung von Nahrung mittels Pilzkulturen dienen, zum Beispiel *Macrotermes* und *Atta sp.* (Bourke & Franks 1995; Turner 2005). Die Konstruktion dieser Bauten sichert eine weitgehend stabile Regelung des Innenklimas und des Luftaustausches (Turner 1994). Kastenbildung legt die Aufgaben- und Arbeitsteilung der Individuen in den Kolonien

(Dettner & Peters 1999) fest und stabilisiert das soziale Gefüge. Entwicklungsgeschichtlich hat sich das Prinzip der Errichtung von Bauten zum Schutz und zur Versorgung der Teilpopulationen bewährt, wie die Funde 150 Millionen Jahre alter Termitenbauten beweisen (Hasiotis 1997).

Das komplementäre Zusammenwirken der Individuen in Insektenkolonien und der Bau funktionell weit entwickelter Nester hat die Formulierung verschiedener Hypothesen angeregt. In der Superorganismus-Hypothese (Wheeler 1911) wird die gesamte Kolonie als Analogon eines vielzelligen Organismus betrachtet. Aus Gen-zentrierter Sichtweise der Evolution hat Dawkins (1982) die Hypothese des „Erweiterten Phänotyps" formuliert, wonach das Verhalten von Tieren die maximale Überlebenschance der Gene sichert. Demnach wären Errichtung und Pflege von Insektenbauten dem Erweiterten Phänotyp zuzurechnen (Turner 2004).

Beide Hypothesen tragen nicht wesentlich zur Erweiterung der Kenntnisse über Evolution und daraus ableitbare Hinweise zur nachhaltigen Entwicklung bei, da sie die Wechselwirkungen zwischen den Populationen von Phänotypen und den Wirkungen von Umweltfaktoren nur unzureichend berücksichtigen. Die nähere Befassung mit den Wechselwirkungen zwischen Populationen und Umweltfaktoren (Mayr 2003) liefert hingegen spannende Ansätze für die Entwicklung von Leitprinzipien nachhaltiger Entwicklung.

- Viele soziale Insekten nutzen körperfremdes Material für die Errichtung ihrer Bauten und erreichen damit eine lokale Entkoppelung von den klimatischen Umgebungsbedingungen. Der gesamte Energieeinsatz zur Aufrechterhaltung des Klimas in den Bauten beruht auf erneuerbarer Energie.
- Lokal beeinflussen soziale Insekten durch die Nahrungsgewinnung die ökologischen Bedingungen ihrer Umgebung (Wirth, et al. 2003), dies kann bei eingeschränkter Ressourcenverfügbarkeit auch die wiederkehrende Verlagerung der Bauten erfordern (Turner 2000). Die Insekten lagern zur Überbrückung von Perioden mit geringem oder fehlendem Nahrungsangebot Vorräte ein oder sichern die Nahrungsversorgung durch die Produktion innerhalb der Bauten, beispielsweise durch Pilzkulturen. Soziale Insekten mit tierischer Ernährungsbasis stabilisieren die Nahrungsversorgung der Kolonie teilweise durch Kannibalismus an Larven der eigenen Kolonie (Dettner & Peters 1999).

Technologische Entwicklungen und Nachhaltigkeit – ein Widerspruch? 43

- Die Aufgaben der Individuen großer Kolonien weisen hohe soziale Stabilität und Komplementarität auf. Die redundante und modulare Untergliederung der Organisation schafft Pufferkapazitäten gegen die Verluste durch äußere Einflüsse, beispielsweise durch insektenfressende Säuger oder Vögel (Bourke & Franks 1995).
  Immer regeln externe Faktoren das Wachstum der Gesamtpopulationen. Die augenscheinlichsten Beispiele dafür bieten die Ansiedlungen sozialer Insekten im unmittelbaren Lebensbereich des Menschen. Dieser schafft in vielen Fällen optimale Voraussetzungen für die Vermehrung der Insektenpopulationen. Sie stören den Menschen aber in seinen Lebensansprüchen, er verliert Bausubstanz und Möbel, Nahrungsvorräte oder die agrarische Produktion und bekämpft diese Populationen deshalb mit allen verfügbaren Mitteln. Bisher ist es dem Menschen nur gelungen, die sozialen Fähigkeiten der Honig sammelnden Bienen für sich zu nutzen.

Nachhaltigkeitskriterien für Technologien

Es wäre verhältnismäßig einfach, unkritisch die zahlreichen Vorschläge für die Definition von Nachhaltigkeitskriterien zusammenzufassen. Eine vertiefte und kritische Behandlung der Nachhaltigen Entwicklung findet sich

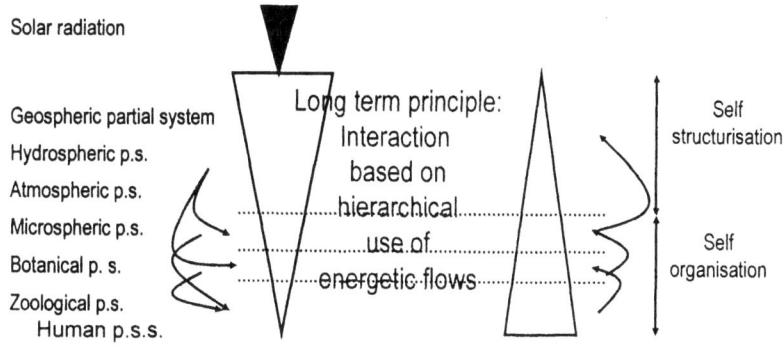

Abbildung 5: Die Evolution der Organismen läuft im Wechselspiel der Hierarchie der Energieverfügbarkeit (äußere Bedingungen) und der Hierarchie der Selbstorganisation (innere Bedingungen) ab. Quelle: M. Knoflacher.

in Leist (2005). Der Schwerpunkt des vorliegenden Beitrages liegt aber nicht in einer weiteren Kompilierung dieser Literatur, sondern in der kritischen Betrachtung der Nachhaltigkeit aus der Perspektive evolutionärer Systembedingungen. Diese umfassen die Bedingungen der evolutionären Entwicklungen und die Handlungsmöglichkeiten der Menschen im Kontext ihrer sozialen Systeme. Vereinfacht geht es um die Frage, ob und wie ein längerfristiger Ausgleich zwischen Bedingungshierarchie und Hierarchie der Selbstorganisation (Abbildung 5) gefunden werden kann.

Grenzen des Handlungsspielraums

Eine obere und eine untere Grenze beschränken im Kontext der Evolution den langfristigen Handlungsspielraum der menschlichen Gesellschaft im Umweltsystem. Die obere Grenze wird erreicht, wenn menschliche Handlungen die langfristigen Lebensgrundlagen zerstören. Die untere Grenze bestimmt das Mindestausmaß menschlicher Handlungen, die das langfristige Überleben des Menschen unter den nachteiligen Faktoren des Umweltsystems sichern.

Die Entwicklungsgeschichte des Menschen und die eng damit verbundene Entwicklung der Artefakte bestimmen überwiegend die Auseinandersetzung mit der unteren Grenze. Schon die ersten Steinwerkzeuge (Foley & Lahr 2003) deuten auf die Erweiterung des Nahrungsspektrums hin und damit auf die Erhöhung der menschlichen Konkurrenzkraft im Kampf um die Nahrungsressourcen. Während technologische Entwicklungen zur Sicherung der Nahrungsversorgung anhand von Artefakten verfolgt werden können (Mazoyer & Roudart 1997), finden sich erst für die jüngste Entwicklungsgeschichte Hinweise auf Techniken zur Vermeidung der Verluste von Menschenleben durch Seuchen und Krankheiten (Winkle 1997) sowie Hinweise auf Methoden zur Absicherung gegen wirtschaftliche Verluste durch zufällige Ereignisse (Bernstein 1997). Ein biologischer Schutz gegen die beiden zuletzt genannten Faktoren war sicher die hohe potenzielle Fortpflanzungsrate der Menschen, die Populationsverluste ausgleichen konnte (M. Knoflacher 1996). Die hohen Fortpflanzungsraten erlaubten auch den – aus ökologischer Perspektive – Luxus wiederkehrender tödlicher kriegerischer Auseinandersetzungen zwischen Menschengruppen und die dadurch angetriebene Entwicklung der Waffentechnik.

Technologische Entwicklungen und Nachhaltigkeit – ein Widerspruch? 45

Erst die rasch ansteigende Zahl der Weltbevölkerung und Hinweise auf nachteilige Veränderungen unserer Lebensgrundlagen (Meadows, et al. 1972) haben die öffentliche Diskussion über die obere Grenze menschlichen Handelns angefacht. In der ansteigenden Welle der Diskussionen über Nachhaltigkeit ging die Unterscheidung zwischen oberer und unterer Grenze zunehmend verloren – ob bewusst oder unbewusst sei dahingestellt.

Im Zusammenhang mit der Entwicklung von Techniken können für die untere Grenze folgende funktionelle Mindestanforderungen zur Sicherung der langfristigen Entwicklung definiert werden:

U_1 Sicherung der menschlichen Lebensbedürfnisse
U_2 Risikominderung gegenüber vorhersehbaren, aber nicht vorhersagbaren Änderungen des Umweltsystems
U_3 Sicherung der energetischen und stofflichen Versorgung der Gesellschaft
U_4 Risikominderung gegenüber schädlichen Wirkungen biotischer Faktoren

Für die obere Grenze können folgende funktionelle Mindestanforderungen definiert werden:

O_1 Anpassung der technischen Systeme an die reale Kontrollfähigkeit der menschlichen Gesellschaft
O_2 Absenkung des gesamten anthropogenen Energiebedarfs bis auf das Niveau des technisch nutzbaren Anteiles an solarer Energie
O_3 Sicherung der Recyclierbarkeit für alle Phasen der Stoffkreisläufe und ausschließliche Ablagerung ökologisch verträglicher Substanzen
O_4 Anpassung der anthropogenen Wassernutzung an regional verfügbare Wasserressourcen
O_5 Sofortige globale Einstellung der Veränderungen und Zerstörungen natürlicher und naturnaher Ökosysteme bis zur ausreichenden Klärung ihrer funktionalen Bedeutung für die globalen Systembedingungen
O_6 Sofortige Einstellung der sonstigen Übernutzung von Organismen und natürlichen Ressourcen

Die alleinige Beachtung der Grenzkriterien reicht für die Sicherung der langfristigen menschlichen Entwicklung jedoch nicht aus, weil auf Grund bestehender technischer Möglichkeiten auch kriegerische Auseinandersetzungen alles menschliche Leben vernichten können. Der Umgang mit Massenvernichtungswaffen ist durch internationale Vereinbarungen so weit geregelt, dass deren Einhaltung zumindest einen vorläufigen Schutz bietet. Notwendig ist aber die weltweite Vernichtung aller Lagerbestände an Massenvernichtungswaffen.

Eine besondere Herausforderung für die Gesellschaft stellt die Umsetzung funktioneller Kriterien dar. Abstrakte, funktionelle Kriterien werden letztendlich nur dann in menschliches Handeln umgesetzt, wenn sie für die einzelnen Menschen im Kontext ihres Alltagshandelns einsichtig sind und im gesellschaftlichen Handlungsrahmen keine Nachteile mit sich bringen. Speziell bei langfristig oder großräumig ablaufenden Prozessen kann allein auf Grund des Gefangenendilemmas (Holler & Illing 1996) sowie fehlender Ausgleichsmöglichkeiten mit zukünftigen Generationen (Leist 2005) keine Änderung des individuellen Verhaltens zugunsten der Vermeidung oder Minderung negativer Effekte erwartet werden. Hier zeigt sich eine besondere Herausforderung des gesellschaftlichen Umgangs mit komplexen Systemen (Riedl 1986). Ihre Bewältigung erfordert die subsidiäre Wahrnehmung der Verantwortung und die Umsetzung geeigneter Rahmenbedingungen durch nationale und supranationale Einrichtungen, beispielsweise der Vereinten Nationen. Entscheidungen über den Einsatz bestimmter Maßnahmen können in egalitären Gesellschaften jedoch nicht allein Expertengremien treffen, sondern die Entscheidungen müssen in diskursiven Prozessen entwickelt werden (Leist 2005). Fachliche Aspekte und individuelle Werthaltungen können in Wertkonflikten durch die Festlegung von Vorrangregeln berücksichtigt werden. Ein Beispiel dafür bieten Vorrangregeln für den verantwortungsvollen Umgang mit Technik (Ott 2005):

V_1 Moralische Rechte der Betroffenen berücksichtigen. Rechte gehen vor Nutzenüberlegungen.

V_2 Erst nach Beachtung der Rechte dürfen Prinzipien der Schadensminimierung oder der Nutzenmaximierung zum Zug kommen.

V_3 Schadensvermeidung ist vorrangig gegenüber dem Ziel der Nutzenmaximierung.

V_4 Universalmoralische Verantwortung ist vorrangig gegenüber Rollen- und Aufgabenverantwortung.

Technologische Entwicklungen und Nachhaltigkeit – ein Widerspruch? 47

V_5 Direkte Verantwortung ist vorrangig gegenüber Verantwortung für entfernte Handlungsfolgen. Diese Regel gilt allerdings nicht generell.

V_6 Direkte persönliche Verantwortung ist vorrangig gegenüber korporativer Verantwortung.

V_7 Das Wohl der Allgemeinheit ist vorrangig gegenüber partikulären Interessen.

V_8 Sicherheit ist vorrangig gegenüber funktionellen und ökonomischen Gesichtspunkten.

V_9 Umweltverträglichkeit ist vorrangig gegenüber ökonomischem Nutzen.

V_{10} Sozialverträglichkeit geht vor Effizienz und ökonomischem Nutzen.

V_{11} Die Erhaltung von Handlungsfreiheiten für gegenwärtige und zukünftige Generationen hat hohe Priorität.

V_{12} Konkrete Humanität geht vor abstrakten universellen Grundsätzen.

V_{13} Im Falle unlösbarer Konflikte ist ein fairer Kompromiss zu suchen.

Die hier dargestellten Regeln weichen aus Gründen der leichteren Lesbarkeit und logischen Konsistenz in einigen Punkten von den ursprünglichen Formulierungen ab. Die Regel 10 bestimmt in der ursprünglichen Fassung auch die Priorität der Sozialverträglichkeit vor der Umweltverträglichkeit. Dies widerspricht jedoch den weiter oben dargelegten funktionellen Wirkungszusammenhängen für die Sicherung langfristiger Entwicklungen. Regel 11 wurde sinngemäß neu formuliert. Die ursprüngliche Fassung lautet „Die Interessen zukünftiger Generationen haben eine sehr hohe Priorität. Auch die Erhaltung von Handlungsfreiheiten hat hohe Priorität."

Technologie – der Faustkeil in der Evolution

Technologie in den frühen Spuren der Menschheit

Wir können die frühen Phasen der menschlichen Evolution nur auf der Grundlage von Knochenfunden und den erhalten gebliebenen Spuren menschlicher Aktivitäten rekonstruieren und aus dem Kontext unserer Erfahrungen interpretieren. So sind es vor allem Steine mit unterschiedlichen Bearbeitungsspuren, die uns zur Orientierung in den ersten zwei Millionen Jahren der Menschheitsgeschichte dienen (Foley & Lahr 2003). Wir sollten bei der Interpretation dieser Befunde sehr zurückhaltend sein, weil viele einfache Werkzeuge aus organischem Material nur in seltenen Fällen erhalten geblieben sind (Thieme 2000). Der noch vor wenigen Jahren dominierenden Hypothese über den vorherrschenden Nahrungserwerb durch Jagd (Windl 1978; Böhme 1997) steht mittlerweile die Hypothese vom vorherrschenden Nahrungserwerb durch Sammeln gegenüber (O'Conell, et al. 1999; Foley 2000). Diese Hypothese erscheint auch aus ökosystemarer Sicht plausibler, weil pflanzliche Nahrung immer in höherer Dichte und beständiger zur Verfügung steht als tierische Nahrung. Dies schließt eine zusätzliche Ernährung mit tierischer Nahrung nicht aus. Es ist aber wahrscheinlicher, dass die Ernährungsbasis auf dem Sammeln von Pflanzenteilen, einer vorwiegend weiblichen Tätigkeit, beruhte. Demnach lassen sich die frühen menschlichen Gesellschaften eher als Gesellschaften der Sammlerinnen und Jäger charakterisieren, aber keinesfalls als Gesellschaften der Jäger und Sammler. Aber auch hier sollten wir uns vor Generalisierungen hüten. Die Ausbreitung der frühen Menschen führte über verschiedenste ökologische Zonen (Lahr & Foley 1994; Larick & Ciochon 1996, Facchini 2006) und war von gravierenden Klimaschwankungen begleitet. Entscheidend für das langfristige Überleben war die flexible Anpassung der Lebens- und Ernährungsstrategien an die jeweiligen ökologischen Bedingungen. Eine wichtige Rolle spielte die Nutzung des Feuers (Leakey & Lewin 1978). In den Eiszeitsteppen Europas und Asiens mit ihren reichhaltigen Großsäugerfaunen war es sicher vorteilhaft, unter den Voraussetzungen der Anwendung geeigneter Technologie und gesellschaftlicher Strategien, sich dieser Nahrungsquellen zu bedienen. Wie die Massenfunde von Wildpferd- und Mammutknochen an verschiedenen Stellen (Windl 1978) belegen, waren die Jagdmethoden so erfolgreich, dass auch die Ausrottung verschiedener Tierarten durch Menschen diskutiert wird. Die Daten lassen für diese frühen Phasen noch keine gesicherten Schlussfolgerungen über die Ursachen der Artenverluste und die damit verbundenen Auswirkungen auf die menschlichen Populationen zu (Koenigswald (2002). Verschiedene Funde zeigen aber, dass auch Kannibalismus zur Fleischversorgung beitrug (Defleur, et al. 1999; Bermúdez de Castro, et al. 2004).

Technologische Entwicklungen und Nachhaltigkeit – ein Widerspruch? 49

Obwohl sich die Spuren der Steinbearbeitung bei allen frühen Menschenarten nachweisen lassen (Foley & Lahr 2003), hat nur eine Menschenart, *Homo sapiens*, bis jetzt überlebt und die technologische Veränderung seiner Umwelt fortgesetzt. Im Folgenden wird die Anwendung von Technologien an einigen charakteristischen Beispielen verfolgt und die damit verbundenen Auswirkungen werden hinsichtlich ihrer Bedeutung für die langfristige Entwicklung der menschlichen Gesellschaft diskutiert.

Die technologische Entwicklung in der Landwirtschaft

Direkte Auswirkungen der Technologien

Funde aus dem Neolithikum belegen die Entstehung landwirtschaftlicher Technologien in verschiedenen Regionen der Erde, erkennbar an den Werkzeugfunden sowie den Anzeichen der Domestikation bei Nutzpflanzen und Tieren. Vor rund 10.000 Jahren begann die Entwicklung der ersten landwirtschaftlichen Technologien im Nahen Osten mit der Kultivierung von Weizen, Gerste, Erbse, Linse und Flachs sowie der Domestikation von Ziege, Schaf, Schwein, Rind und Esel, und in Neu Guinea mit der Kultivierung tropischer Nutzpflanzen und vermutlich der Domestikation des Schweins. Vor rund 9.000 bis 8.000 Jahren begann die Entwicklung der landwirtschaftlichen Technologien in China mit der Kultivierung von Kohlarten und Hirse sowie der Domestikation von Schwein und Rind, und in Zentralamerika mit der Kultivierung von Mais, Kürbis, Bohne und Baumwolle sowie der Domestikation von Truthahn und Ente. Vor rund 6.000 Jahren begannen die Kultivierung von Kartoffel und Lupine sowie die Domestikation von Meerschweinchen, Lama und Alpaka in Südamerika. Für Nordamerika lässt sich die Entwicklung landwirtschaftlicher Technologien vor rund 4.000 bis 3.000 Jahren an der Kultivierung lokaler Nutzpflanzen, darunter der Sonnenblume, nachweisen. Sekundäre Zentren der Kultivierung lassen sich für das nördliche Südamerika mit Süßkartoffel, Ananas und Papaya nachweisen, für Südostasien mit Reis, Banane, Zuckerrohr und der Domestikation des Huhnes sowie im Gebiet des Niger mit der Kultivierung von afrikanischem Reis und Sorghum (Mazoyer & Roudart 1997).

Die ersten landwirtschaftlichen Kulturen sind von Handarbeit mit einfachen Handwerkzeugen und noch relativ niedrigen Erträgen der landwirtschaftlichen Nutzpflanzen geprägt. Trotz dieser Erschwernisse verbesserten sich die Lebensbedingungen der Menschen in dieser ersten Entkopplungsphase von den Einflüssen der Ökosysteme so weit, dass ihre Zahl vermutlich von rund 10 Millionen auf rund 50 Millionen anstieg (Mazoyer & Roudart 1997).

Mit zeitlichen Verzögerungen von einigen tausend Jahren breiteten sich die landwirtschaftlichen Technologien von diesen Zentren über benachbarte Regionen mit ähnlichen Klimazonen aus. Den größten räumlichen Einfluss erlangte das Zentrum im Nahen Osten, dessen Technologien sich über ganz Europa, in Asien bis Ostindien und große Teile Afrikas ausbreiteten (Mazoyer & Roudart 1997). Für den langfristigen Erfolg landwirtschaftlicher Technologien waren aber die ökologischen Gegebenheiten der einzelnen Regionen wichtig. Dieses Faktum führte weltweit zu unterschiedlichen Wegen der technologischen Entwicklung und schuf die Voraussetzungen für die nach wie vor ungleiche Verteilung des Wohlstands (Diamond 2000).

In den tropischen Gebieten konnte sich die großräumige Landwirtschaft nur in Form der Hydrokulturen Südostasiens und Westafrikas entwickeln. In den tropischen Waldgebieten waren hingegen nur die kleinräumigen Acker-Wald-Kulturen erfolgreich und in tropischen Savannen die Weidewirtschaft. In den Trockenzonen der Erde brachen alle großflächigen landwirtschaftlichen Kulturen außerhalb der wasserreichen Flusstäler zusammen. Übrig geblieben sind die kleinräumigen Oasenkulturen.

Der langfristige Erfolg der landwirtschaftlichen Kulturen im Niltal beruhte, neben ausreichenden Wasserressourcen und angepassten Technologien, auf den strengen Regelungen landwirtschaftlicher Tätigkeiten unter Anleitung und Kontrolle der Priesterschaft. Eine ähnliche Kombination von angepassten Technologien mit strengen gesellschaftlichen Regelungen durch die Priesterschaft sicherte auch in den Hochlagen der Anden die langfristige Entwicklung der Landwirtschaft unter den Inkas. Während die ägyptische Kultur auch Rinder für landwirtschaftliche Arbeiten nutzte, mussten in der Inkakultur, mangels kräftiger Nutztiere, die Menschen alle Arbeiten verrichten. Die Verpflichtung zur Mitarbeit begann bereits im fünften Lebensjahr und endete erst mit 60 Jahren. Während Kinder und alte Menschen nur für leichtere Arbeiten eingesetzt wurden, mussten zwischen dem 25. und 50. Lebensjahr alle Arbeiten verrichtet werden (Mazoyer & Roudart 1997).

Die Gebiete der Taiga und Tundra waren für die Ausbreitung landwirtschaftlicher Kulturen nicht geeignet. Hier konnte sich langfristig nur das System der Wanderweide mit Rentieren etablieren.

Die vielfältigsten Entwicklungen landwirtschaftlicher Technologien vollzogen sich jedoch in den gemäßigten Zonen. Zum Zentrum der Veränderungen wurde Europa, wo einerseits alle großen Nutztiere und die Nutzpflanzen verfügbar waren und andererseits klimatische Bedingungen die Integration beider Komponenten förderten. In den Waldgebieten der gemäßigten Zone war die Populationsdichte noch gering, die Probleme der Nährstoffversorgung von Nutzpflanzen und das Problem der Erosion konnten durch lange Nutzungszyklen gelöst werden – aber es veränderte sich die Landschaft. So sinkt beispielsweise in Acker-Wald-Kulturen bei einer Zyklusdauer von 50 Jahren die durchschnittliche Biomasse pro Hektar von 350 Tonnen auf durchschnittlich 55 Tonnen bei einer Zyklusdauer von 10 Jahren. Sinkt die Zyklusdauer weiter, so kann sich der Wald nicht mehr regenerieren und es entwickeln sich offene Landschaften mit weitaus geringeren durchschnittlichen Biomassebeständen pro Hektar, beispielsweise von 5,5 Tonnen bei einer Zyklusdauer von 5 Jahren (Mazoyer & Roudart 1997). Während der Antike wurde der Mittelmeerraum endgültig in eine offene Landschaft umgewandelt, verbunden mit Erosionsproblemen und der Notwendigkeit, die Versorgung der Nutzpflanzen mit Nährstoffen durch Bracheperioden sicherzustellen. Die Verwendung von Zugtieren für Feldarbeiten und für den Gütertransport erleichterte die Arbeit. Wegen der noch unzureichenden Einspanntechnik konnten die Leistungen der Zugtiere nur zum Teil genutzt werden. Trotz der zunehmenden Organisation der Landwirtschaft und der Entstehung von Großbetrieben im Römischen Imperium (Christ 1995) war die Nahrungsversorgung der rasch zunehmenden Bevölkerung nur durch ausgedehnte Kolonien im gesamten Mittelmeerraum sicherzustellen (Mazoyer & Roudart 1997). Vermutlich trugen klimatische Veränderungen und der damit verbundene Niedergang der Getreideproduktion in Nordafrika auch zum Niedergang des Römischen Reiches bei.

Im Mittelalter nahm die landwirtschaftliche Technologie einen neuen Aufschwung und die Nahrungsversorgung verbesserte sich. Verbesserungen der Einspanntechnik erlaubten eine stärkere Ausnutzung der Zugkraft von Rindern und Pferden und erweiterten die Möglichkeiten der Bodenbearbeitung und des Transports. Damit verbunden waren Verbesserungen der Geräte für die Bodenbearbeitung (Pflug und Egge) und der Handwerkzeuge. Die winterliche Stallhaltung der Nutztiere ermöglichte die Sammlung der, von den Wiesen importierten, im Heu und Stroh gespeicherten Nährstoffe zur Versorgung der Nutzpflanzen auf den Äckern. Dadurch wurden Rodungen zur weiteren Ausdehnung landwirtschaftlicher Anbaugebiete möglich. Die dadurch ausgelöste Bevölkerungszunahme fand in Frankreich im 13. Jahrhundert ein jähes Ende. Hungersnöte, Pestepidemien und schließlich Kriege reduzierten die Bevölkerung bis zum 14. Jahrhundert um die Hälfte (Mazoyer & Roudart 1997).

Die Kolonisierung Afrikas und vor allem Amerikas im 15. Jahrhundert brachte der europäischen Landwirtschaft mit neuen Nutzpflanzen, beispielsweise Kartoffel und Mais, neue Möglichkeiten der Nahrungsversorgung. Die Nutzung des Sommer- und Wintergetreides erhöhte die Erträge der Landwirtschaft und löste eine neuerliche Zunahme der Bevölkerung aus, der allerdings wieder Hungersnöte und regional dramatische Bevölkerungsrückgänge folgten (Salaman 1949). Die Auswanderung großer Teile der Bevölkerung in Überseegebiete verschleierte aber die volle Dramatik der Hungersnöte (Bardet & Dupâquier 1998).

Zwar fehlten der Landwirtschaft wissenschaftliche Grundlagen, doch Ursachen der Hungersnöte waren vor allem das rasche Bevölkerungswachstum und die Zerstörung der Ernte durch Pflanzenkrankheiten, zum Beispiel der Kartoffelfäule in Irland (Salaman 1949). Die Landwirte waren durchaus in der Lage, mit den ihnen zugänglichen Informationen und ihrem Wissen die ausreichende Versorgung ihrer Nutzpflanzen mit Nährstoffen zu sichern, wie das nachfolgende Beispiel zeigt.

Um 1830 wurde im Alpental von Aflenz (Steiermark, Österreich) die Landwirtschaft in Verbindung mit Brandrodungen und Waldweide betrieben. Auch für Zeitgenossen auffällig waren die Zusatzfütterung des Viehs im Winter mit „Grass", das sind getrocknete und zerkleinerte Nadelbaumzweige, sowie die fehlende Entmistung der Ställe während des Winters. Die nachträgliche Analyse der durchschnittlichen Nährstoffbilanzen zeigt (M. Knoflacher 2000), dass erst die Kombination der einzelnen Maßnahmen die Versorgung der Äcker mit Nährstoffen sicherte. Die Grassfütterung importierte ausreichend Nährstoffe und die Verdichtung des Mistes in den Ställen verringerte vor allem die Stickstoffverluste. Unter Berücksich-

Technologische Entwicklungen und Nachhaltigkeit – ein Widerspruch? 53

tigung der, für die Landwirte nicht messbaren, Stickstoffverluste, reichten die Stickstoffüberschüsse der Bruttobilanz (Tabelle 1) aus, um den Nährstoffbedarf der Nutzpflanzen zu decken.

Variante	Stickstoff	Phosphor	Kali	Kalk
Ohne zusätzlichen Import	-68	-39	-22	-12
Mit zusätzlicher Kleiefütterung	-22	0	k.A.	k.A.
Mit Grasseinstreu (ohne Kleie)	30	9	0	547
Mit zusätzl. Grassfütterung	81	33	11	830

Tabelle 1: Beispiel der Brutto-Nährstoffbilanz für einen Bauernhof in der Region Aflenz (Steiermark, Österreich) um 1830. Quelle: M. Knoflacher 2000.

Im 19. Jahrhundert führte die zunehmende industrielle Herstellung von Gütern zur Erweiterung der maschinellen Ausstattung der Landwirtschaft mit Geräten für Bodenbearbeitung, Saat und Ernte sowie für Arbeiten im Grünland. Als Zugtiere wurden Pferde vor allem dort verwendet, wo die Erträge des Ackerbaus auch ihre Fütterung ermöglichten. Sonst waren die Zugtiere Rinder, die Grünfutter besser verwerten können und deshalb weniger von Zufütterungen aus dem Ackerbau abhängig sind. Die Entdeckung der chemischen Eigenschaften der Pflanzennährstoffe durch Justus Liebig schuf die Grundlagen für Ertragssteigerungen der Nutzpflanzen unabhängig vom Viehbestand (Derry & Williams 1960; Mazoyer & Roudart 1997). Gleichzeitig begann der Ersatz der Zugtiere durch Dampftraktoren und in weiterer Folge durch Traktoren mit Dieselmotoren, deren Antriebsleistungen laufend erhöht wurden. In den letzten Jahrzehnten konnte der landwirtschaftliche Ertrag im Vergleich zu den landwirtschaftlichen Technologien mit Zugtieren überproportional gesteigert und gleichzeitig der Personalbedarf für landwirtschaftliche Arbeiten überproportional gesenkt werden (Abbildung 6).

Die beeindruckenden Erfolge sollen nicht darüber hinwegtäuschen, dass die Energieeffizienz der Landwirtschaft laufend gesunken ist. Pro gewonnener Energieeinheit in den Ernteprodukten setzt die amerikanischen

Landwirtschaft rund 3,7-mal mehr Energie ein als um 1700. Die Umstellung von Zugtieren auf Zugmaschinen verdoppelte den spezifischen Energieeinsatz (Pimentel, et al. 1990). Zur Abnahme der Energieeffizienz tragen der erhöhte Aufwand für Maschinen und industriell erzeugte Düngemittel bei. Technologische Bedingungen und die Organisation der Arbeiten in der Landwirtschaft bestimmen die Anteile am Energieeinsatz. Um 1980 verursachten die Verwendung mineralischer Düngemittel und Pestizide in der amerikanischen Landwirtschaft rund 70% des Energieeinsatzes, auf chinesischen Staatsfarmen betrug dieser Wert rund 27% (Dazhong & Pimentel 1990).

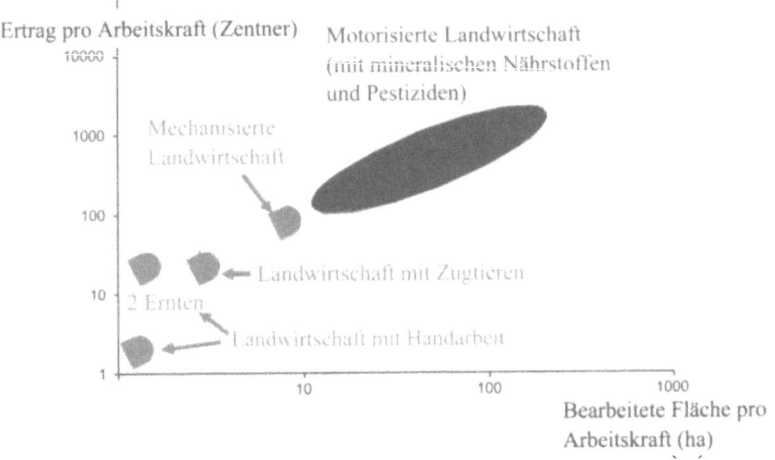

Abbildung 6: Auswirkungen der Technologieentwicklung auf den Ertrag und die bearbeitbare Fläche pro Arbeitskraft. Quelle: Mazoyer & Roudart (1997).

Die gegenwärtigen globalen Erträge der Landwirtschaft könnten theoretisch die Nahrungsversorgung der gesamten gegenwärtigen Weltbevölkerung sicherstellen. Real ist der Zugang zu Nahrungsmitteln jedoch sehr ungleich verteilt. Wohlhabende Bevölkerungsschichten haben unbegrenzten Zugang zu Nahrungsmitteln, während sozial schwache Schichten, speziell in Ländern der Dritten Welt an Unterernährung leiden (FAO 2002). Für die Zukunft stellt sich die Frage, wann der Nahrungsbedarf der weiterhin wachsenden Weltbevölkerung (UNO 2004a; Berié & Kobert 2006) neue Produktivitätssteigerungen fordern wird.

Der zunehmende Einsatz der Gentechnik zur raschen Veränderung der Eigenschaften von Kulturpflanzen lässt keine generellen Lösungen erwarten. Die Pflanzen werden im Labor genetisch modifiziert und nicht im Wechselspiel mit natürlichen Umgebungsbedingungen. Die Pflanzen können ihre maximalen Leistungen also nur unter eng begrenzten Umweltbedingungen entfalten. Der Anbau außerhalb der Optimalbedingungen erfordert entsprechende Veränderungen der Umgebung, beispielsweise Bewässerung oder den Einsatz von Pestiziden, und damit mehr Energie. Unter den gegenwärtigen Bedingungen ist der Zugang zu genetisch modifizierten Organismen nur mit ausreichendem Kapital möglich, weil das Saatgut nur von den Herstellern erworben werden kann. Hunger ist jedoch immer mit Armut verbunden, damit bleibt aber gerade den Bedürftigsten der Zugang zu gentechnisch modifizierten Pflanzen verwehrt.

In systemarer Hinsicht wiederholt die genetische Veränderung von Organismen einen Fehler, der bereits mehrfach bei der natürlichen Selektion von Nutzpflanzen aufgetreten ist. Aus dem vielfältigen genetischen Pool der Wildpflanzen wurde nur eine genetische Linie – mit einer entsprechend engen genetischen Bandbreite – für die Nutzung entnommen und weitergezüchtet. Damit ging jedoch ein großer Teil der Anpassungsfähigkeit der Wildpflanzen verloren. Eine ökologisch adäquate Lösung des Problems wäre die Erweiterung der genetischen Bandbreite von Kulturpflanzen durch die Einkreuzung verwandter Wildpflanzen mit entsprechendem genetischem Material. Dies würde jedoch einen vollständigen Paradigmenwechsel der verantwortlichen Personen erfordern, da diese Vorgangsweise den Organismus an die jeweiligen Umgebungsbedingungen anpasst und nicht, wie beim gentechnischen Ansatz, die Umgebungsbedingungen an den Organismus.

Indirekte Auswirkungen der Technologien

Der Exkurs in die technologische Entwicklung der Landwirtschaft zeigt eine weitgehend unveränderte Orientierung an der unteren Grenze der langfristigen Entwicklungen. Erkennbar ist auch der sinkende Arbeitskraftbedarf in der landwirtschaftlichen Produktion bei steigender Produktivität. Dadurch wurden immer größer werdende Anteile der Bevölkerung außerhalb der Landwirtschaft tätig (Mitchell 1978).

Obwohl die landwirtschaftliche Produktion immer wieder die obere Grenze der langfristigen Entwicklung überschritten hat – erkennbar an den Erosionsproblemen der Antike oder den Dust Bowl Problemen um 1930 in den Vereinigten Staaten (Ricklefs 1996) – werden laufend neue landwirtschaftliche Flächen in dafür ungeeigneten Gebieten erschlossen. Aber auch auf den bestehenden landwirtschaftlichen Flächen werden zunehmend Grenzen der Tragfähigkeit überschritten. Die fortschreitende Mechanisierung der Landwirtschaft erfordert maschinengerechtere Anbauflächen, also eingeebnet und an den Grenzlinien begradigt. Diese Umgestaltung der Landschaft steigert jedoch die Erosionsneigung, weil die Erosionsenergie (P_i), auch bei gleich bleibendem Abfluss (Q_i), mit zunehmender Abflusslänge (L_i) zunimmt (Rodríguez-Iturbe & Rinaldo 2001):

$$P_i = k Q_i^{0,5} L_i$$

Dieser funktionelle Zusammenhang erklärt auch die zunehmende Erosion durch Rodungen für landwirtschaftliche Flächen, durch die der Abfluss (Q_i) wegen der fehlenden Vegetation stark erhöht wird.

Die Umgestaltung der Landschaft führt aber auch zur Verringerung ihrer natürlichen Fraktalität (Rodríguez-Iturbe & Rinaldo 2001; Dubois & Chaline 2006), wodurch ökologische Nischen für Tier- und Pflanzenarten verloren gehen. Damit schrumpft die Ernährungsbasis für größere Arten und die Wahrscheinlichkeit ihres Vorkommens verringert sich, wie das Beispiel (Abbildung 7) Oberösterreichischer Flüsse zeigt. Das Fraktalitätsmaß gibt die Geometrie des Längsverlaufes der Gewässer wieder, die Wahrscheinlichkeit des Vorkommens großer Fische wurde aus Befischungsdaten Gumpinger & Siligato (Büro Blattfisch, Wels) berechnet.

Abschwemmungen, Versickerungen und Abwehungen transferieren Pestizide und Nährstoffe in andere Ökosysteme, wo sie tiefgreifende Veränderungen auslösen (Lozán, et al. 1990). Die Anreicherung der Nahrungsketten mit Pestiziden gefährdet vor allem die Bestände der Tertiärkonsumenten, beispielsweise Fischadler. Die Anreicherung der Gewässer mit Nährstoffen fördert übermäßiges Algenwachstum und führt zu weitreichenden Verschiebungen der funktionellen Prozesse in den betroffenen Ökosystemen. Ausschwemmungen von Pestiziden und Nitraten in das Grundwasser erhöhen die Gesundheitsrisiken für die mit diesem Wasser versorgte Bevölkerung.

Technologische Entwicklungen und Nachhaltigkeit – ein Widerspruch? 57

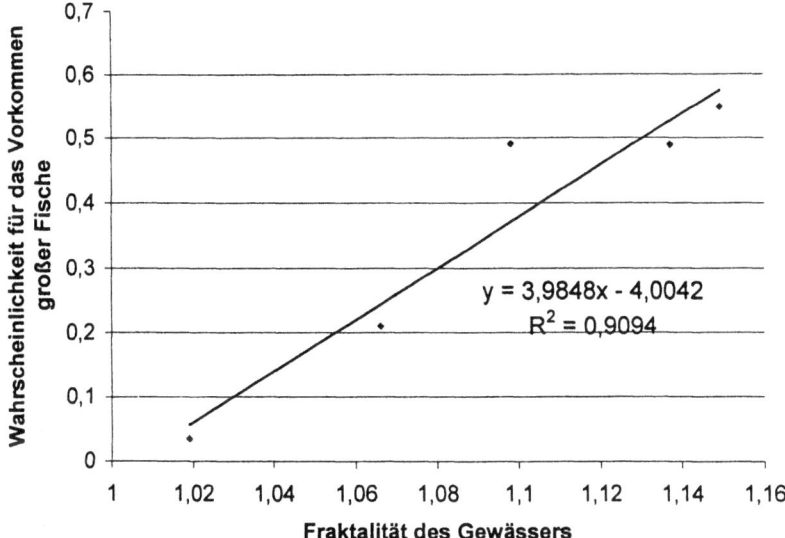

Abbildung 7: Zusammenhang zwischen der Fraktalität von Fließgewässern und der Wahrscheinlichkeit des Vorkommens großer Fische in einer Population. Quelle der Fischdaten: Gumpinger & Siligato, Wels.

Die möglichen langfristigen Auswirkungen gentechnisch veränderter Organismen auf die Ökosysteme sind derzeit nicht abschätzbar. Pflanzenpollen können über weite Strecken transportiert werden (Okubo & Levin 2001) und genetische Veränderungen bei gentechnisch nicht veränderten, aber verwandten Pflanzen auslösen. Auch die Frage der langfristigen Auswirkungen auf die Nahrungsketten in den betroffenen Ökosystemen ist nicht beantwortbar.

Die Technologische Gestaltung der Umwelt

Technologische Pfade und Emergenzen

Im Zentrum der üblichen technologischen Betrachtungen stehen in der Regel die Artefakte der Technologien, beispielsweise die Dampfmaschine, das Auto oder der Computer. Dieser Zugang verstellt aber den Blick auf die systemaren Abläufe und Wechselwirkungen technologischer Entwicklungen. Der individuelle menschliche Geist entwickelt vielfältige Vorstellungen über die Gestaltung und Veränderungen der Umwelt, demonstrierbar an den bekannten technischen Überlegungen von Leonardo da Vinci (Schlote 2001). Der erste Schritt zur materiellen Realisierung der Überlegungen hängt jedoch von dem Möglichkeitsraum der nutzbaren Materialien und dem Möglichkeitsraum der nutzbaren Energiequellen ab. Die beiden Möglichkeitsräume können sehr lange ohne Verbindung nebeneinander existieren. So war die Verwendung des Feuers schon lange bekannt, bis es in der Bronzezeit und später in der Eisenzeit zur Extraktion von Metallen aus Erzen genutzt wurde. Die jeweils herrschenden gesellschaftlichen Rahmenbedingungen und Zielsetzungen bestimmen die Verbreitung und die Art der Anwendung von Technologien. So wurde beispielsweise das Schwarzpulver in China ursprünglich nur für Feuerwerke verwendet, während es in Europa sofort für militärische Zwecke eingesetzt wurde.

Die Anwendung einer bestimmten Technologie beruht auf menschlichen Entscheidungen (Gellner 1993) und nie auf naturgesetzlichen Notwendigkeiten. Solche können zwar behauptet werden, um eine Entscheidung zu begründen und dadurch den eigentlichen Entscheidungsprozess zu verschleiern, real sind sie aber nicht gegeben. Innerhalb der Gesellschaft können Entscheidungen durch Einzelpersonen oder durch Gruppenprozesse zustande kommen (Kern & Nida-Rümelin 1994; Schnabl 2000). Die jeweils gegebenen technologischen Bedingungen bestimmen also den Möglichkeitsraum menschlicher Entscheidungen, er ist in der Regel multidimensional und nicht eindeutig bestimmbar. Auf Grund der Unvollständigkeit der Informationen über die potenziellen Wirkungen der Technologien und der fehlenden Vorhersagbarkeit ihrer zukünftigen Anwendungen bestehen grundlegende methodische Probleme für Entscheidungen. Bei jeder Entscheidung spielt der Zufall mit, dessen Anteil durch vorbereitende Verfahren, beispielsweise Technologiebewertungen, reduziert aber niemals ausgeschaltet werden kann. Aber auch die Erfahrungen mit Technologien beeinflussen Entscheidungen. Technische Artefakte und technische Veränderungen der Umwelt wirken in vielfältiger Weise auf Kultur und Werthaltungen der menschlichen Gesellschaft. Bauwerke strukturieren den Raum und prägen die Bilder der Umgebung, Bauwerke dienen aber auch als kulturelle oder gesellschaftliche Symbole. Die Gestaltung von Innenräumen repräsentiert und kommuniziert persönliche Einstellungen oder verstärkt soziale Positionen. Verkehrsmittel verändern die Wahrnehmung von Raum und Zeit (Roth 2004). Als so genannte Individualverkehrsmittel erweitern sie die Möglichkeiten der symbolischen Selbstdarstellung und Rangbehauptung in der Gesellschaft. Technische Artefakte des Alltags tragen zur Veränderung von Sozialstrukturen und Lebenseinstellungen bei (Giedion 1987).

Auf Grund der inhärenten Komplexität der Umwelt erfordern technologische Entwicklungen immer Paradigmenwechsel der damit befassten Personen. Jeder a priori Annahme vor der Entwicklung folgt eine a posteriori Erkenntnis. Da die Wahrnehmung äußerer Ereignisse nur mit Hilfe innerer Erfahrungen und Kenntnisse entschlüsselt werden kann (Popper & Eccles 1989; Habermas 1995), erfasst jeder Erkenntnisschritt nur einen kleinen Ausschnitt des neu eröffneten Möglichkeitsraumes. Häufige Wiederholungen der Erkenntnisschritte erweitern (Fasching 1989) den Erkenntnisraum im Möglichkeitsraum.

Jede Befassung mit Objekten und Phänomenen außerhalb gesellschaftlicher Interaktionen ist für die handelnden Personen mit dem Risiko sozialer Nachteile verbunden, weil ihnen weniger Zeit für soziale Aktivitäten, beispielsweise verkaufbare Arbeitsleistung oder Sicherung des sozialen Status, zur Verfügung steht. Die Gesellschaft kann diese Risiken durch die Gewährung von Freiräumen für die Befassung mit Objekten außerhalb der gesellschaftlichen Interaktionen mindern. Durch die aktive Förderung, durch die Bereitstellung von Einrichtungen und die Sicherung des Lebensunterhalts der damit befassten Personen können solche Arbeiten intensiviert werden. Es ist deshalb nicht verwunderlich, dass Phasen unterschiedlicher Entwicklungsgeschwindigkeiten die Technologiegeschichte kennzeichnen. Sie ist aber auch geprägt von unterschiedlichen gesellschaftlichen Interessen und Einstellungen der jeweils herrschenden Gesellschaften. Nachvollziehbar in der Geschichte sind die Unterschiede zwischen der antiken griechischen Gesellschaft mit ihrem überreichen Erkenntnisgewinn und der antiken römischen Gesellschaft mit ihrer ökonomischen Orientierung aber marginalen Erkenntnisgewinnen.

In der Antike standen für die Umsetzung der Erkenntnisse im materiellen Möglichkeitsraum vor allem natürliche Materialien und extrahierte Metalle zur Verfügung, im energetischen Möglichkeitsraum menschliche und tierische Arbeitskraft sowie Wind-, Wasserenergie und thermische Energie aus organischen Brennstoffen. Die zweite große Periode technologischer Entwicklungen in Europa beginnt mit den geistigen Entwicklungen der

Renaissance und führt an der Wende des 18. zum 19. Jahrhundert zur Verbindung der Entwicklungen im Möglichkeitsraum der Materialien mit dem neuen energetischen Möglichkeitsraum der fossilen Brennstoffe. Diese Entwicklung erweitert den energetischen Möglichkeitsraum durch die Nutzung des elektrischen Stroms, der im Laufe des 20. Jahrhunderts – gemeinsam mit den fossilen Energieträgern – die Lebensbedingungen der Menschen in den Industrieländern gravierend verändert hat (Giedion 1987). Aus vorwiegend militärischen Beweggründen wurde im 20. Jahrhundert der energetische Möglichkeitsraum durch die Kernenergie erweitert, bei deren zivilen Nutzungen jedoch noch immer eine Entwicklung des 19. Jahrhunderts, die Dampfturbine, verwendet wird. In Wechselwirkung mit den Erweiterungen des energetischen Möglichkeitsraumes hat die Einführung synthetisch hergestellter Materialien auch den materiellen Möglichkeitsraum erweitert. Auf diesen Grundlagen hat im 21. Jahrhundert die Einführung der Halbleitertechnologien neue Möglichkeiten für die Verarbeitung und den räumlichen Austausch von Informationen geschaffen.

Konvergente Entwicklungen in Chemie, Biologie und Physik haben im 21. Jahrhundert die Voraussetzungen für die Nanotechnologie geschaffen (Zweck 2007). Während in der Biologie und der Physik dieser Prozess durch die zunehmende Beschäftigung mit immer kleineren Einheiten begünstigt wurde, entstanden in der Chemie die Voraussetzungen durch die Befassung mit immer komplexeren Einheiten.

Im 18. und 19. Jahrhundert erweiterten sich die Möglichkeiten des Menschen, technologische Entwicklungen zu nutzen. Die Konzentration vieler Menschen in Städten sowie Reisen über größere Entfernungen waren bis ins 19. Jahrhundert mit dem Risiko von Seuchenausbrüchen verbunden (Winkle 1997). Vorbeugende Maßnahmen, wie Quarantäne sowie Wasser- und Abwasserentsorgung, konnten die Gefahr von Seuchenausbrüchen mindern aber nicht bannen. Kenntnisse über die Krankheitsursachen fehlten und Hygienemaßnahmen, darunter Wasser- und Abwasserentsorgung, wurden nur punktuell und unzureichend ergriffen. Erst die Identifizierung der Infektionserreger und die Entwicklung wirksamer Vorbeuge- und Bekämpfungsmaßnahmen im 19. Jahrhundert ermöglichten die hohe Populationsdichte in Ballungsräumen (Abbildung 8), den weitgehend ungehinderten Austausch von Waren sowie den Reiseverkehr von Personen. Der geregelte Betrieb eines Flughafens mit über 50 Millionen Passagieren pro Jahr, wie beispielsweise Frankfurt am Main, wäre bei einer Quarantänezeit von 40 Tagen wohl nicht vorstellbar. Abgesehen davon, würden bei dieser Dauer der Quarantäne kurze Reisezeiten auf dem Luftwege wenig Vorteile bringen.

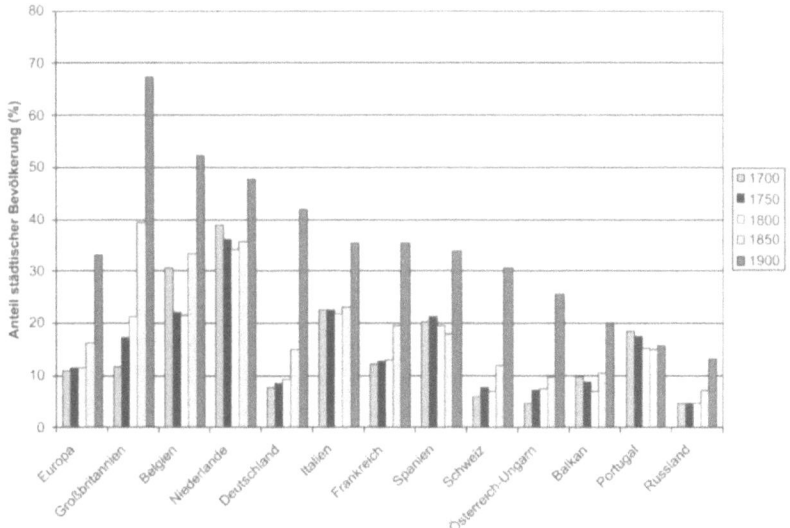

Abbildung 8: Entwicklung der Urbanisierung im 18. und 19. Jahrhundert in Europa (Datenquelle: Bardet & Dupâquier 1998).

Auswirkungen der Technologien auf die Grenzen des Handlungsspielraums

Die technologischen Entwicklungen haben für bestimmte Teile der menschlichen Gesellschaft unbestreitbar Absicherungen gegenüber den unteren Grenzen gebracht. Nahrung, Kleidung und Energie stehen ausreichend und unabhängig von Wachstumsperioden oder der Entfernung zu den Herkunftsgebieten zur Verfügung. Viele Krankheiten sind vermeidbar, die meisten behandelbar. Die durchschnittliche Lebenserwartung ist deshalb in den Industrieländern laufend gestiegen (WRI 1986; WHO 1999). Der demographische Übergang (M. Knoflacher 1996; Bardet & Dupâquier 1998) hat in diesen Ländern zu einem Rückgang des Populationswachstums geführt, womit die Gefahr der Überbevölkerung allein durch die

Selbstregulation vermieden wird. Lebensabläufe und Lebensgestaltung können unabhängig von wechselnden klimatischen Bedingungen organisiert werden, da selbst große Entfernungen relativ sicher und rasch überwindbar sind. Die unkritische Beachtung dieser Ergebnisse kann zu sehr optimistischen Schlussfolgerungen führen (Lomborg 2002).

Eine differenzierte Betrachtung der Gesamtwirkungen führt jedoch zu etwas anderen Schlussfolgerungen. Direkt und sofort erkennbar sind die globalen Disparitäten des Zugangs zu technologischen Entwicklungen und der Verfügbarkeit der oben skizzierten Rahmenbedingungen. Wie bereits in den Ausführungen zur Agrartechnologie erwähnt, leiden global noch mindestens 800 Millionen Menschen an Hunger (FAO 2002). In vielen Entwicklungsländern gibt es nur unzureichende medizinische Versorgung (WHO 2004), nur ein kleiner Bruchteil der Bevölkerung hat Zugang zu neuen Technologien (UNESCO 2005). Die damit verbundenen ökonomischen und sozialen Unsicherheiten begünstigen hohe Geburtenraten, weil sie die Chancen auf ein besseres Familieneinkommen durch Kinderarbeit und die soziale Absicherung im Alter erhöhen. Aber auch innerhalb der industrialisierten Gesellschaften machen Änderungen der Lebensstile die technisch erreichten Minderungen des spezifischen Energieverbrauchs zunichte, beispielsweise durch den Erwerb größerer und schwerer Fahrzeuge, durch den zunehmenden Konsum von Fleisch (Smil 2006) oder Fertignahrung (M. Knoflacher 2003). Die Ausweitung des globalen Handels erhöht den indirekten Energieverbrauch von Waren durch den Transport (Smil 2006) sowie den agrarischen Wasserbedarf in Gebieten mit Wassermangel, aber günstigen klimatischen Bedingungen für die agrarische Produktion (Chapagain & Hoekstra 2004).

Die zentralen kritischen Punkte der gegenwärtigen Entwicklung liegen aber in der fehlenden Bereitschaft der Gesellschaft zur Umstellung auf die Nutzung erneuerbarer Energien und zur Einschränkung des Gesamtenergieverbrauchs. So ist von 1973 auf 2004 der globale Primärenergieverbrauch von 6.035 auf 11.059 Millionen Tonnen Öläquivalente gestiegen, der Rückgang des Anteils fossiler Energieträger von 86 % auf 80,3 % wurde durch den Anstieg des Anteils der Kernenergie von 0,9% auf 6,5% vollständig ausgeglichen. Kernenergie ist aber, unabhängig von den Risken im laufenden Betrieb, nicht nachhaltig, weil keine menschliche Gesellschaft verantwortungsvoll Endlager über hunderte oder tausende von Jahren verwalten kann. Der Anteil von Abfällen und Biomasse sank im selben

Zeitraum von 11,2 % auf 10,6 % und der Anteil sonstiger erneuerbarer Energieträger stieg von 0,1% auf 0,4% (IEA 2006). Dadurch befindet sich das vom Menschen aufgebaute technologische System im Zustand der selbstorganisierten Kritikalität (Bak 1997), das heißt es entzieht sich langfristig die energetischen Grundlagen, auf denen es aufgebaut ist. Mit anderen Worten, es ist nicht nachhaltig.

Für die langfristige Energieversorgung geeignet sind primär Energietechnologien, die Sonneneinstrahlung direkt nutzen, da nur diese Energieform langfristig in ausreichend hoher Energiedichte zur Verfügung steht (Smil 2006). Mindestens genauso wichtig für die langfristige Sicherung der Energieversorgung sind jedoch auch Umstellungen auf der Verbrauchsseite, beispielsweise energiesparende Gebäude und Infrastrukturen (Weizsäcker, et al. 1997).

Selbstdomestikation

Es ist wert, darüber nachzudenken, dass die Evolution des Menschen untrennbar mit Technologie verbunden ist. Nein, es soll hier nicht über die Wissensgesellschaft philosophiert werden, auf die wir uns angeblich hinbewegen. Der mehrdeutige Begriff des Wissens wird dabei im Sinne eines ökonomischen Gutes vereinfacht interpretiert und darauf aufbauend werden Methoden der Informationsverwaltung und der Informationsspeicherung entwickelt (Brocks, et al. 2007). Zur Wahrung sprachlicher Klarheit sollten aber passende Begriffe verwendet und nicht neue Verwirrung gestiftet werden. Aber damit kommen wir wieder an den Ausgangspunkt dieses Kapitels.

Mit der Herstellung und Benutzung des ersten Werkzeuges – sei es ein behauener Stein, weil er auch nach langer Zeit als Indiz verwendet werden kann – konnten die Menschen die Umwelt nach ihren Vorstellungen umgestalten. Damit es aber dazu kommen konnte, muss es Vorstellungen über die Umgestaltung der Umwelt gegeben haben. Ob wir es nun nachträglich bedauern – und sei es anhand des Gleichnisses der Vertreibung aus dem Paradies – oder nicht, offenbar ist es ein zutiefst menschliches Bedürfnis, die Umwelt nach unseren Vorstellungen zu gestalten. Wir haben über Millionen von Jahren gelernt, unsere Umwelt mehr und mehr umzugestalten. Gleichzeitig haben wir damit unsere Evolutionsbedingungen verändert. In den letzten zehntausend Jahren haben wir mit der Entstehung der Landwirtschaft und der Siedlungen unsere eigenen Umwelten geschaffen. Ganze, von Menschen erschaffene Regionen sind mittlerweile wieder zerfallen, aber wir sind überzeugt, auf dem richtigen Weg zu sein. Immer mehr Menschen ziehen in die von Menschen gestalteten Umwelten der Großstädte, derzeit sind es weltweit rund 3 Milliarden und jährlich werden es um 1,8% mehr (UNO 2004b).

Wir erleben überwiegend eine von Menschen gestaltete Umwelt, die laufend verändert wird. Diese Umwelt kommt aber offenbar unseren Wünschen entgegen und umgibt uns mit vielem, was wir als angenehm empfinden und sie ist fast immer kontrollierbar. Die Unwägbarkeiten der natürlichen Ökosysteme genießen wir gerne für kurze Zeit und unter der Betreuung eines zuverlässigen Reiseveranstalters. Aber ein Braunbär in mitteleuropäischen Wäldern beunruhigt uns mehr, als jährlich hunderte Tote und tausend Verletzte bei Verkehrsunfällen. Niemand hat sich aufgeregt, als im Dezember 2006 einzelne Zeitungen gemeldet haben, dass der chinesische Flussdelfin (*Lipotes vexillifer*) ausgestorben ist.

Offenbar haben wir im Laufe unserer Evolution gelernt, die Umwelt im Spiegel der von uns und unseren Technologien verursachten Veränderungen zu sehen. Das Bild unserer Umwelt ist mit jeder kleinen Veränderung unserem Wunschbild näher gekommen. War es über lange Zeit nur möglich, die perfekten Vorstellungen in Form von Parks, Gebäuden (Giedion 1978) oder Gemälden (Makowski & Buderath 1983) darzustellen, haben die neuen Technologien zur Informationsverarbeitung und Informationsverbreitung eine neue Qualität in die Präsentation unserer Vorstellungen gebracht (Abbildung 9).

Durch leistungsfähige Computer sind wir imstande, unsere Vorstellungen visuell und bei Bedarf auch akustisch in bewegten Bildern darzustellen und weltweit zu verbreiten. Während sich die Allgemeinheit an Computeranimationen mit perfekten Darstellungen der von uns erdachten Umwelt orientiert, sind Expertinnen und Experten sowie Entscheidungsträgerinnen und Entscheidungsträger zunehmend von Computermodellen fasziniert. Dies wäre nicht bedenklich, würden Modelle und ihre Ergebnisse als das verwendet, was sie sind: unsere in Algorithmen gefassten Vorstellungen aber kein Ersatz der Realität. Die Gesellschaft und ihre Repräsentantinnen und Repräsentanten sind aber immer weniger an Beobachtungen und Messungen der Veränderungen unserer Umwelt interessiert. Es ist auch für

Technologische Entwicklungen und Nachhaltigkeit – ein Widerspruch? 65

Wissenschafterinnen und Wissenschafter bequemer und der Karriere förderlicher, ihre Aussagen mit Computermodellen zu untermauern, als mühsam und unter oft schwierigen Bedingungen zu beobachten und zu messen.

Abbildung 9: Die Veränderung der Möglichkeiten für die Verbreitung und Aufbereitung von Information durch technologische Entwicklungen; die rechte Skala bezieht sich nur auf die Zahl der weltweiten Internetanschlüsse (rotes Dreieck) und nicht auf die anderen Technologien (Buchdruck, Telegrafie, Rundfunk und Fernsehen). Quelle: M. Knoflacher.

Unsere Gesellschaft schließt sich so immer stärker im Spiegelkabinett ihrer Vorstellungen ein und beginnt auch noch die letzten Fenster nach außen, zu unserer physischen Umwelt zu schließen. Unsere Gesellschaft ist offenbar überzeugt, genug über sich und ihre Lebensgrundlagen zu wissen. In diesem geistigen Umfeld ist ein Bild der Nachhaltigkeit entstanden, das gut mit unseren Erwartungen übereinstimmt. Unsicherheiten und Unwägbarkeiten kommen in diesem Bild bestenfalls am Rande vor.

Nur ist dieses Bild furchtbar weit weg von den Bedingungen und Eigenschaften unserer Umwelt; Unsicherheiten und Unwägbarkeiten werden auch unsere weitere Entwicklung begleiten. Wir müssen nur einen kurzen Blick auf die Erfahrungen der Versicherungen werfen (Münchner Rück 2006), um uns davon zu überzeugen.

Wir werden zur Bewältigung dieser Herausforderungen die Fenster zu unseren Lebensgrundlagen wieder öffnen müssen. Wir brauchen aber auch einen Paradigmenwechsel in unserem Denken und in den Aufgabenverteilungen unserer Gesellschaft. Nicht Effizienz wird unsere langfristige Entwicklung sichern, sondern Redundanz und angemessene Vorsorge. Die innergesellschaftlichen Vorteile der Effizienz müssen deshalb in ein ausgewogenes Verhältnis zu den gesamtgesellschaftlichen Anforderungen der Redundanz und Vorsorge gebracht werden. Dafür benötigen wir gesellschaftliche Strukturen, in denen subsidiär die Grenzen für die Entfaltung individueller Zielsetzungen in Einklang mit den gesamtgesellschaftlichen Forderungen der langfristigen Entwicklung gebracht werden. Wir brauchen aber auch eine Gesellschaft, die bewusst mit Risiken umgehen kann und nicht alle Verantwortung an eine starke Hand delegiert.

Wir werden auch weiterhin Technologien brauchen und diese auch weiter entwickeln müssen. Aber auch hier ist ein Paradigmenwechsel notwendig, wenn wir uns langfristig weiter entwickeln wollen. Wir brauchen Technologien, um die Erfüllung unserer Vorstellungen an die Gegebenheiten der Umwelt anzupassen, und nicht, um die Umwelt an unsere Vorstellungen anzupassen.

Literaturverzeichnis

Bak P. (1997): How nature works. Copernicus, New York.
Bardet J.-P., Dupâquier J. (1998): Histoire des populations de l'Europe. Fayard.
Berié E., Kobert H. (2006): Der Fischer Weltalmanach 2007. Fischer, Frankfurt.
Bermúdez des Castro J.M., Martinón-Torres M., Carbonell E., Sarmiento S., Rosas A., van der Made J., Lozano M. (2004): The Atapuerca Sites and Their contributions to the Knowledge of Human Evolution in Europe. Evolutionary Anthropology 13: 25-41.
Bernstein P.L. (1997): Wider die Götter. Gerling Akademie Verlag, München.
Böhme K. (1997): Von der Existenzgrundlage zum Vergnügen. In: alles jagd. eine kulturgeschichte. Kärntner Landesausstellung 1997, Ferlach.

Bourke A.F.G., Franks N.R. (1995): Social Evolution in Ants. Princeton University Press, Princeton.
Brocks H., Hofman T., Kamps T. (2007): Informations- und Wissenmanagement. In: Billinger H.-J. (Hrsg.): Technologieführer. Springer, Berlin: 270- 273.
Chapagain A.K., Hoekstra A.Y. (2004): Water footprints of Nations. UNESCO, Delft.
Christ K. (1995): Geschichte der Römischen Kaiserzeit. Beck, München.
Dawkins R. (1982): The extended phenotype. Freeman & Co., Oxford.
Dazhong W., Pimentel D. (1990): Energy Flow in Agroecosystems of Northeast China. In: Gliessmann S.R. (edt.): Agroecology. Springer, New York: 322-336.
Defleur A., White T., Valensi P., Slimak L., Crégut-Bonnoure È. (1999): Neandertal Cannibalism at Moula-Guercy, Ardéche, France. Science 286: 128-131.
Derry T.K., Williams T.I. (1960): A short history of technology. Oxford University Press, Oxford.
Dettner K., Peters W., Hrsg. (1999): Lehrbuch der Entomologie. Fischer, Stuttgart.
Diamond J. (2000): Arm und reich. Fischer, Frankfurt am Main.
Dubois J., Chalien J. (2006): Le monde des fractales. Ellipses, Paris.
Facchini F. (2006): Die Ursprünge der Menschheit. Theiss, Stuttgart.
Fasching G. (1989): Die empirisch - wissenschaftliche Sicht. Springer, Wien.
FAO (2002): The State of Food Insecurity in the World. FAO, Rome.
Foley R. (2000): Menschen vor Homo sapiens. Thorbecke, Stuttgart.
Foley R., Lahr M.M. (2003): On stony ground. Evolutionary Anthropology 12: 109-122.
Gellner E. (1993): Pflug, Schwert und Buch. DTV, München.
Giedion (1978): Raum, Zeit, Architektur. Artemis, Zürich.
Giedion S. (1987): Die Herrschaft der Mechanisierung. Athenäum, Frankfurt am Main.
Habermas J. (1995): Theorie des kommunikativen Handelns. Suhrkamp, Frankfurt am Main.
Hasiotis S. (1997): Sandstone pillars in New Mexico identified as fossil termite nests. www.eurekaalert.org.

Holler M.J., Illing G. (1996): Einführung in die Spieltheorie. Springer, Berlin.
IEA (2006): Key World Energy Statistics. IEA, Paris.
Kalusche D. (1996): Ökologie in Zahlen. Gustav Fischer, Stuttgart.
Kern L., Nida-Rümelin J. (1994): Logik kollektiver Entscheidungen. Oldenbourg, München.
Kleemann M., Meliß M. (1988): Regenerative Energiequellen. Springer, Berlin.
Knoflacher M. (1996): Bevölkerungswachstum – zwischen Erbe und Erkenntnis. In: Riedl R., Delpos M. (Hrsg.): Die Ursachen des Wachstums. Kremayr & Scheriau, Wien.
Knoflacher M. (2000): Systemanalyse der Landwirtschaft im Aflenzer Becken um 1830. Manuskript zum Vortrag „Lebenswelt und Landschaft – eine Systembetrachtung" bei der Konferenz „Landschaft unter Druck", 12. und 13. Oktober 2000, Universität für Bodenkultur, Wien.
Knoflacher M. (2003): Steuerung oder Intervention - Handlungsoptionen in komplexen Systemen. In: Penker, M.; Pfusterschmid, S. (Eds.): Wie steuerbar ist die Landwirtschaft? Erfordernisse, Potentiale und Instrumente zur Ökolgisierung der Landwirtschaft; Dokumentation der 11. ÖGA-Jahrestagung an der Karl-Franzens-Universität Graz, 27.-28. Sept. 2001.
Koenigswald W., v. (2002): Lebendige Eiszeit. Theiss, Darmstadt.
Lahr M.M., Foley R. (1994): Multiple Dispersals and Modern Human Origins. Evolutionary Anthropology 3: 48-60.
Larick R., Ciochon R.L. (1996): The African Emergence and Early Asian Dispersals of the Genus Homo. American Scientist 84: 538 – 551.
Leakey. R.E., Lewin R. (1978): Wie der Mensch zum Menschen wurde. Hoffmann & Campe, Hamburg.
Leist A. (2005): Ökologische Ethik II: Ökologische Gerechtigkeit: Global, intergenerationell und humanökologisch. In: Nida-Rümelin J. (Hrs.): Angewandte Ethik. Kröner, Stuttgart.
Lieth H., Whittaker R.H. (eds.) (1975): Primary Productivity of the Biosphere. Ecological Studies 14, Springer, Berlin.
Lomborg B. (2002): Apocalypse No! zuKlampen, Lüneburg.
Lozán J.J., Lenz W., Rachor E., Watermann B., v. Westernhagen H. (1990): Warnsignale aus der Nordsee. Parey, Berlin.

Makowski H., Buderath B. (1983): Die Natur dem Menschen untertan. Kindler, München.
Mason B., Moore C.B. (1985): Grundzüge der Geochemie. Enke, Stuttgart.
Mayr E. (2003): Das ist Evolution. C. Bertelsmann, München.
Mazoyer M., Roudart L. (1997): Histoire des agricultures du monde. Seul, Paris.
Meadows D., Meadows D., Zahn E., Milling P. (1972): Die Grenzen des Wachstums. DVA, Stuttgart.
Mitchell B. (1978): European Historical Statistics 1750 – 1970. Macmillan, London.
Münchner Rück (2006): Perspectives Today's ideas for tomorrows world. Münchner Rückversicherungs-Gesellschaft, München.
Nowak R.M., Paradiso J.L. (1983): Mammals of the World. John Hopkins University Press.
O'Conell J.F., Hawkes K., Blurton Jones N.G. (1999): Grandmothering and the Evolution of *Homo erectus*. J. Human Evolution 36: 461-485.
Okubo A., Levin S.A. (2001): Diffusion and Ecological Problems. Springer, New York.
Ott K. (2005): Technikethik. In: Nida-Rümelin J. (Hrs.): Angewandte Ethik. Kröner, Stuttgart.
Peters R. H. (1986): The ecological implication of body size. Cambridge University Press, Cambridge.
Pimentel D., Dazhong W., Giampetro M. (1990): Technological Changes in U.S. Agriculture Energy Use. In: Gliessmann S.R. (edt.): Agroecology. Springer, New York: 305-321.
Popper K.R., Eccles J.C. (1989): Das Ich und sein Gehirn. Piper, München.
Ricklefs R.E. (1996): Ecology. Freeman, New York.
Riedl R. (1982): Evolution und Erkenntnis. Piper, München.
Riedl R. (1986): Das Umgehen mit komplexen Systemen. In: Riedl R., Delpos M. (Hrsg.): Die Ursachen des Wachstums. Kremayr & Scheriau, Wien.
Rodríguez-Iturbe I., Rinaldo A. (2001): Fractal river basins. Cambridge University Press, Cambridge.
Roth R. (2004): Die Verkürzung von Raum und Zeit: Konsequenzen der Eisenbahn für die Wahrnehmung der Stadt. In: Dinhobl G. (Hg.): Ei-

senbahn/Kultur. Mitteilungen des Österreichischen Staatsarchivs Sonderband 7: 137-159.
Salaman R. (1949): The History and Social Influence of the Potato. Cambridge University Press, Cambridge.
Schlote K.-H. (2001): Chronologie der Naturwissenschaften. Deutsch, Frankfurt an Main.
Schnabl H. (2000): Strukturevolution. Oldenbourg.
Smil V. (2006): Energy. Oneworld, Oxford.
Thieme H. (2000): Lower Palaeolithic Hunting Weapons from Schöningen, Germany – The Oldest Spear in the World. Acta Anthropologica Sinica 16:140-147.
Turner J. S. (2004): Extended Phenotypes and Extended Organisms. Biology and Philosophy 19:327-352.
Turner J.S. (1994): Ventilation and thermal constancy of a colony of a southern African Termite (*Odontotermes transvaalensis: Macrotermintinae*). Journal of Arid Environment 28:231-248.
Turner J.S. (2000): Architecture and morphogenesis in the mound of *Macrotermes michaelsseni* (Sjöstedt) (Isoptera: Termitidae, Macrotermitinae) in Northern Namibia. Cimbebasia 16: 143-175.
Turner J.S. (2005): Extended Physiology of an Insect – Built Structure. American Entomologist, 51:36-38.
UN (1987): Development and international economic co-operation: Environment; Report of the World Commission on Environment and Development. United Nations A/42/427.
UNESCO (2005): Towards Knowledge Societies. UNESCO, Paris.
UNO (2004a): Development and Globalization: Facts and Figures. UNCTAD, New York.
UNO (2004b): States of the World's cities. UN-Habitat, Nairobi.
Weizsäcker E.U., Lovins A.B., Lovins L.H. (1997): Faktor Vier. Droemer, München.
Wheeler W.M. (1911): The ant-colony as an organism. Journal of Morphology 22:307-325.
WHO (1999): The World Health Report 1999. WHO, Geneva.
WHO (2004): The World Health Report 2004. WHO, Geneva.
Windl H.J. (1978): Die urzeitliche Jagd in Europa. In: Jagd einst und jetzt; NÖ Landesausstellung 1978, Marchegg.
Winkle S. (1997): Geißeln der Menscheit. Artemis & Winkler 1997.

Wirth R., Herz H., Ryel R.J., Beyschlag W., Hölldobler B. (2003): Herbivory of Leaf-Cutting Ants. Ecological Studies 164, Springer, Berlin.
WRI (1986): World Resources 1986. Basic Books New York.
Zweck A. (2007): Auf dem Weg zur Technologie von Morgen. In: Billinger H.-J. (Hrsg.): Technologieführer. Springer, Berlin: 2-7.

„Sanfte" statt „harter" Technikpfade

Hans P. Aubauer

Zu den größten aktuellen Gefahren gehört der mangelnde Gedankenaustausch zwischen zwei Denkschulen: Auf der einen Seite Naturwissenschaftler, die in ihrer täglichen Arbeit den immer rascher voran schreitenden Zusammenbruch der natürlichen Grundlagen des Lebens beobachten, beschreiben und analysieren[1]. Und auf der anderen Seite Ökonomen oder von ihnen gedanklich abhängige Entscheidungsträger, die vor allem mehr Wirtschaftswachstum anstreben, weil sie nicht wissen, wie sie sonst ausreichende Beschäftigung schaffen, oder die Kosten des Schutzes der Umwelt und sozial Bedürftiger erwirtschaften können. Machen die Naturwissenschaftler die im Mainstream denkenden Ökonomen darauf aufmerksam, dass eine Wirtschaft nicht dauernd innerhalb der unverrückbaren biophysikalischen Naturgrenzen wachsen könne, verweisen diese stets auf den Technischen Fortschritt. Dieser habe es bisher ermöglicht, natürliche Begrenzungen des Wirtschaftswachstums zu überwinden, die Naturnutzung auszuweiten und knapp gewordene natürliche Ressourcen (Energie, Materialien, Raum, Entsorgungskapazität etc.) durch noch nicht knappe zu ersetzen. Angeblich existieren demnach Naturgrenzen gar nicht. Denn warum sollte künftig und zeitlich unbegrenzt nicht möglich sein, was bisher immer gelang?

Diese Frage soll hier eine Antwort finden. Denn sollten die Umweltbesorgten Recht und die Umweltunbekümmerten Unrecht haben, drohen letzte Gelegenheiten des mühearmen Überganges zu einem Lebensstil verpasst zu werden, der zukunftsfähig ist, weil er die natürlichen Lebensgrundlagen bewahrt. Tatsächlich waren es Techniken, mittels derer sich die Menschheit aus dem Tierreich entwickeln konnte. Diese Techniken waren insofern

---

1 Etwa die Destabilisierung des Klimas oder der Ökosysteme; das Zerstören der ökologischen Vielfalt, der Biodiversität oder fruchtbarer Böden; das weltweite Abholzen bzw. Abbrennen der Wälder, insbesondere der Regenwälder, die etwa die Hälfte aller Tierarten beherbergen; das Ausfischen der Meere, die Verschmutzung von Luft, Böden, Wasser; die Übernutzung der Frischwasserreserven.

hart, als sie die Naturausbeutung stets vermehrten. Und derartig harte Techniken bedrohen nun das Überleben der Menschheit. Abwenden können dies nur sanfte Techniken, die das menschliche Wohl ohne vermehrte Naturbelastung anzuheben vermögen, weil sie aus ein und derselben Menge natürlicher Ressourcen mehr Nutzen gewinnen können. Es bleibt aber sehr wenig Zeit, um die sanften Techniken gegenüber den harten rentabel zu machen.

	Auswirkungen von Techniken	Beispieltechniken
1	Kampf um natürliche Ressourcen zunächst gegen tierische, dann gegen menschliche Konkurrenten (Jagd- und Kriegswaffen)	Speer, Pfeil / Bogen, Armbrust, Schusswaffen
2	Eroberung unwirtlicher Landschaften	Kleidung, Gebäude, Feuer
3	Erweiterung der Materialbasis mittels veredelter anorganischer Stoffe zusätzlich zu den organischen, nachwachsenden	Steine (Feuerstein), Metalle (Gold, Bronze, Eisen, u.s.w)
4	Übergang vom Jäger und Sammler zum Ackerbauern und Viehzüchter (Neolithische Revolution)	Pflanzenanbau (Pflug) / Bewässerung, Domestikation von Tieren
5	Ersatz menschlicher Muskelkraft durch erneuerbare Energien	Mechanische Energie: Zugtiere, Wind- und Wasserräder.
6	Lasten- und Personentransporte über Land	Mittels Rad bewegte und von Zugtieren gezogene Wagen, Verkehrswege (u. a. Straßen, Brücken und Schienen)
7	Transporte über Wasser (insbesondere Überseesegelschifffahrt mittels Instrumenten zur Ortsbestimmung)	Schiff, Kompass, Astrolabium, Seekarten
8	Nutzung nicht erneuerbarer Energien (fossile und nukleare)	Verbrennungskraftmaschinen (Dampfmaschinen, Otto-, Dieselmotoren etc.), Kernreaktoren und Energieumwandlungsmaschinen (elektrische Generatoren und Motoren) etc.
9	Nutzung nicht erneuerbarer Materialien (fossile und mineralische, insbesondere metallische) mittels nicht erneuerbarer Energie	Bessemer Birne, anorganische Chemie
10	Transport von Personen und Gütern mittels Kraftfahrzeugen, die von nicht erneuerbarer Energie angetrieben werden und aus nicht erneuerbaren Werkstoffen hergestellt sind	zunächst Dampflokomotiven / Züge, Dampfschiffe, dann PKWs, LKWs, Flugzeuge, Raketen

	Auswirkungen von Techniken	Beispieltechniken
11	Ertragssteigerung in der Land- und Forstwirtschaft sowie im Fischfang mittels nicht erneuerbarer natürlicher Ressourcen	Agrarchemikalien, Agrar-, Forst- und Fischfangtechniken
12	Mechanisierung und Automatisierung handwerklicher Produktionstechniken	Web-, Spinn- (Spinning-Jenny) und Nähmaschinen, arbeitsteilige Fließbandproduktion
13	Zurückdrängung von Krankheiten und Anheben der mittleren Lebenserwartung	Hygiene, Blutdruckmessung, Impftechniken
14	Information, Kommunikation, Datenspeicherung und Rechnen	Papier, Schrift / Zahlen, Buchdruck, Schreibmaschine, Phonograph, Kino, elektrische und elektronische Techniken (Telefon, Radio, Fernsehen, Computer, Internet)
15	Veredelung fossiler und nachwachsender Materialien	Organische Kunststoffe
16	Effizienzsteigerung der Energie und Materialnutzung sowie Nutzung nachhaltig ausschöpfbarer erneuerbarer Ressourcen	Wärmekraft-Kopplung, Wärmepumpen, Stirlingmotoren, Photovoltaik, Photothermik, Solartürme, Plusenergiehäuser, Verlängerung der Gebrauchsdauer von Gütern

Tabelle: Technikwirkungen in der Menschheitsgeschichte

Die technische Seite der Menschheitsgeschichte

Die Tabelle illustriert, wie die Entwicklung von Techniken entscheidend zur immer größer werdenden Überlegenheit der Menschheit gegenüber anderen Arten im Konkurrenzkampf um natürliche Ressourcen beigetragen hat. Entsprechend dem Konkurrenzausschlussprinzip der Ökologie (Campell, 1997), können aber zwei Arten nicht auf Dauer innerhalb desselben Lebensraums um dieselben Naturressourcen konkurrieren. Denn letztendlich rottet die dabei überlegene die unterlegene Art aus oder verdrängt sie in einen anderen Lebensraum. Weil die Menschheit aber alle anderen Arten zum eigenen Überleben benötigt, droht ihr immer endgültiger werdender technischer Sieg über die Natur in ihre größte Niederlage umzuschlagen. Sie ist im Begriff sich selbst auszurotten, wenn sie nicht unverzüglich die harten, die Natur verdrängenden Techniken, durch sanfte, die Natur bewahrende Techniken, ersetzt.

Die zweite Spalte der Tabelle skizziert die Auswirkungen der Techniken in ihrer Geschichte und die dritte einige konkrete Technik-Beispiele.

Mittels Techniken konnten die Menschen das Tierreich (1. und 11. Zeile der Tabelle) und das Pflanzenreich (4. und 11. Zeile) grenzenlos ausbeuten, ihren Lebensbereich überall hin, u. a. in kalte Klimazonen ausdehnen (2. Zeile), die Material- (3., 9. und 15. Zeile) und Energiebasis (5. und 8. Zeile) ausweiten, von der Natur auch an entfernten Orten Besitz ergreifen (6., 7. und 10. Zeile), gesundheitliche Grenzen zurückdrängen (13. Zeile) und die Fähigkeiten ihrer Hände (12. Zeile) sowie Hirne (14. Zeile) erweitern. Mit einer Ausnahme (16. Zeile) weiteten die Techniken die Ausbeutung der Natur ohne Rücksicht darauf aus, ob ihr dies schaden könnte.

Die Evolution der Menschheit aus der Fauna gelang, weil sie mit von einem überlegenen Gehirn gesteuerten Techniken alle körperlichen Nachteile gegenüber ihren tierischen Konkurrenten (etwa keine körperlichen Waffen, wie Hörner oder kräftige Eckzähne oder große Muskelkraft) mehr als ausgleichen konnte. Das Zusammenspiel von Technik, Hirn, Händen und Sprache machten die Menschen (ökologisch argumentiert) insofern zu perfekten Generalisten (oder Universalspezialisten), als sie in die Lebensräume (oder Biotope) der an diese weitgehend angepassten tierischen Spezialisten eindringen und diese von dort[2] verdrängen konnten, obwohl sie selbst unangepasst waren. Die Technik war der Anpassung im Konkurrenzkampf stets kurzfristig überlegen. Und während ihre Anpassung an einen Lebensraum den Spezialisten[3] das Überleben nur in diesem ermöglichte, machte die Technik den menschlichen Generalisten das Überleben in nahezu allen Lebensräumen möglich. Mit fortschreitendem Einsatz harter Techniken konnte die menschliche Besiedelung nach und nach auf nahezu alle Klimazonen, Kontinente, Regionen und Höhenlagen ausgeweitet werden. Mit Hilfe der Technik brach die Menschheit aus ihrem ursprünglichen Lebensraum der ostafrikanischen Savanne aus und in nahezu alle Lebensräume anderer Arten ein, um diese von dort zu verdrängen. Der Lebensraum der Tiere und Pflanzen und damit diese selbst wurden und werden immer mehr zurückgedrängt.

---

2 Entsprechend dem Konkurrenzausschlussprinzip
3 Z.B. nur von bestimmten Pflanzen lebende Giraffen oder Pandabären

„Sanfte" statt „harter" Technikpfade 77

Mittels Techniken gelingt es Menschen, die Grenze vorübergehend zu durchbrechen, die die Natur der Ausbreitung einer Art setzt. Im techniklosen Tierreich wächst die Population einer Art bis an die Grenze der „Ökologischen Tragfähigkeit" (carrying capacity) ihres Lebensraumes (Odum, 1971). Diese Grenze der Populationsdichte besteht aus dem Angebot sich erneuernder Ressourcen (vor allem der Nahrung), die hauptsächlich aus der Sonne nachfließen, beispielsweise der Menge an Gras, die auf einer Weide nachwächst. Mit dem Wachstum der Population sinkt die Ressourcenmenge und damit auch die Nahrungsmenge, die einem Individuum zur Verfügung steht, schließlich bis zum Existenzminimum. Dort endet das Bevölkerungswachstum, weil die Todesrate aufgrund zunehmenden Ressourcenmangels bis auf die Höhe der Geburtenrate gestiegen ist. Die Art befindet sich in einer Falle, die T. R. Malthus um die Wende vom 18. zum 19. Jahrhundert für Menschen beschrieben hat (Malthus, 1798; 1878). Techniken ermöglichten es den Menschen immer wieder, sich eine Zeit lang aus derartigen Malthusfallen zu befreien, aber nur, um in neue, gefährlichere hinein zu geraten.

Es sind daher vor allem die Techniken, die das Verhältnis der Menschen zu ihrer Umwelt vom Verhältnis einer Tierart zu ihrer Umwelt unterscheiden. Keine Tierart kümmert sich um andere Arten oder um die Zukunft. Jede versucht, sich so weit zu vermehren und auszubreiten, als dies nur irgend möglich ist. Es werden mehr Nachkommen geboren, als die Umwelt mit Ressourcen dauernd versorgen könnte. Ohne Techniken gelingt es den Tieren aber nicht, ihre Anzahl längere Zeit über die Grenze der Ökologischen Tragfähigkeit anzuheben. Überschreitet die Population die Tragfähigkeit eine Zeit lang, weil ihre Todesrate unter der Geburtenrate liegt, kollabiert sie unter die Tragfähigkeitsgrenze, wie dies beispielsweise die Lemminge zeigen (Brehm, 1883; Shelford, 1943). Weil das den Arten verfügbare Angebot an natürlichen Ressourcen (im Wesentlichen) durch das Energieangebot der Sonne und den Ressourcenbedarf der anderen Arten strikt begrenzt ist, kommt es zu wundersamen Symbiosen zwischen ihnen. Eine Art kann nur überleben, wenn sie das erneuerbare Ressourcenangebot so nutzt, dass sie dabei nicht auf Dauer mit anderen Arten in Konkurrenz gerät (Campell, 1997). Als Ergebnis dient jede Art schließlich dem Überleben der anderen Arten des Ökosystems, in dem ihr Lebensraum eingebettet ist. Der Lebensraum der einen Art vergrößert den anderer. Nur Menschen breiten sich auf Kosten anderer Arten aus und drängen deren

Konkurrenz bei der Nutzung von Naturressourcen zurück, weil Menschen mit Hilfe der Technik fast grenzenlos Ressourcen nutzen können. Immer wieder überschreiten sie so die Grenzen der Ökologischen Tragfähigkeit, die das Angebot erneuerbarer Ressourcen der Ausbreitung aller anderen Arten setzt.

Dies gilt vor allem, seit mit der Industrialisierung des 19. Jahrhunderts in Fossilien gespeicherte Sonnenenergie abgebaut wird und so der Energie-Engpass beseitigt wurde, den die begrenzte Sonneneinstrahlung der menschlichen Ausbreitung setzte (8. Zeile der Tabelle). Schon davor gelang es, die Grenzen der menschlichen Muskelenergie durch erneuerbare Energien zu überwinden (5. Zeile der Tabelle). Aber erst die intensive Ausbeutung vor allem fossiler Energie ermöglichte innerhalb der letzten eineinhalb Jahrhunderte eine Anhebung des Energieverbrauches weit über das Zehnfache.

Die Beseitigung des Energie-Engpasses, also die fast grenzenlose Verfügbarkeit billiger Energie, beseitigte auch den Material-Engpass (9. Zeile). Schon seit tausenden Jahren gelingt es, Metalle mit zunehmend höherem Schmelzpunkt aus Erzen zu gewinnen und so die Grenzen des Angebotes erneuerbarer Materialquellen durch Abbau nicht erneuerbarer Materialvorräte zu überwinden (3. Zeile). Dies erfordert aber sehr viel Energie, die jedoch begrenzt ist. So war die Metallgewinnung ein wesentlicher Grund für die Zurückdrängung der Wälder. Erst seit der ausreichenden Verfügbarkeit von Energie werden endliche Rohstoffvorräte, vor allem Eisen, intensiv abgebaut und auch ein Großteil der Elemente des chemischen Periodensystems wird unter großem Energieeinsatz verwertet. Beispielsweise muss der Platinbedarf eines PKW-Katalysators von unter einem Gramm aus mehreren Tonnen Gesteinsmaterial geholt werden.

Mit dem Energie- und dem Material-Engpass konnte auch der Nahrungs-Engpass beseitigt werden, der Malthus Anlass zu seinen Schriften gab (Malthus, 1798; 1878). Wenn es den Menschen auch seit Millionen von Jahren gelang, das Tierreich und seit tausenden Jahren das Pflanzenreich intensiv zur Ernährung zu nutzen, so war doch das Nahrungsangebot bis zur industriellen Revolution immer noch durch den landwirtschaftlichen Bodenertrag begrenzt. Seither wird dieser Ertrag durch den Einsatz endlicher, nicht erneuerbarer Energien und Materialien kurzfristig vervielfacht (11.Zeile), jedoch auf Kosten des dauernd verfügbaren Ertrages. Über 90% der auf den Äckern pflanzlich gewonnenen Energie fließt vorher in deren Gewinnung. Die Böden degradieren, ohne dass dies angesichts des industriell hoch geschraubten Ertrages bemerkbar ist. Die Gesellschaft ist gleichsam bodenlos geworden. Fruchtbare Böden werden leichtfertig verbaut und damit der Ressourcennutzung entzogen, obwohl sie neben fruchtbaren Wasserflächen die wichtigste Naturressource der Zukunft sind, weil die Böden überflüssig erscheinen und unter den verantwortungslosen vorherrschenden ökonomischen Rahmenbedingungen nur einen Bruchteil des Gewinns des verbauten Zustandes abwerfen (Aubauer, 2004).

Mit dem Energie- und dem Material-Engpass verschwand auch der Entfernungs-Engpass (10. Zeile). Mit nicht erneuerbaren Energien angetriebene und aus nicht erneuerbaren Materialien gefertigte Fahrzeuge durchqueren inzwischen alle Land-, Wasser- und Luftwege, bis in den Weltraum. Damit existieren keine Grenzen mehr, die lokale Ökologische Tragfähigkeiten der Ausweitung der Naturausbeutung setzen könnten. Die Grenzen werden mit der Hilfe von Naturressourcen überschritten, die aus beliebig entfernten Orten des Erdplaneten heran transportiert werden. Begonnen hat auch diese Entwicklung schon viel früher: Als die Menschen mit ihrer Sesshaftwerdung vor etwa zehntausend Jahren nicht mehr zu den Naturressourcen wanderten, sondern diese mit Wagen, von Tieren gezogen, in ihre Ortschaften transportierten (6. Zeile). Vor allem aber, als es im 15. Jahrhundert gelang, mit Geräten der Ortsbestimmung die Meere fernab aller Küsten mit Schiffen zu überqueren (7. Zeile). Intensiviert wurde dieser Verkehr aber erst seit der industriellen Revolution. Sie brachte schließlich nicht nur eine bodenlose sondern auch eine distanzlose Gesellschaft. Die industrielle Revolution ermöglichte koloniale Lebensstile in den reichen Ländern auf Kosten der Naturressourcen armer Länder. Sie ermöglichte aber auch die Ausdehnung der Arbeitsteilung in den Produktionshallen der beginnenden Industrialisierung über die ganze Welt. Die Zahl der Lasten- und Personentransporte steigt rasant.

Zu Beginn ihrer Geschichte waren die Menschen vielleicht ebenso Beute von Tieren, wie die Tiere Beute von Menschen. Ihre Ausbreitung war, wie die jeder anderen Art auch, durch Nahrungsmangel begrenzt, weil sich die individuell verfügbare Nahrungsmenge mit wachsender Bevölkerungsdichte bis zum Existenzminimum verringerte. Mit Jagdtechniken gelang es ihnen, die Grenzen dieser ihrer Malthusfalle zu überschreiten. Tiere wurden vermehrt Beute von Menschen und immer weniger umgekehrt. Die steigende Wirksamkeit der Jagd wurde jedoch zunehmend wieder dadurch wettgemacht, dass sie die Beute seltener machte. Von einer Malthusfalle schlitterten sie in eine andere. Zunächst wurde dies durch noch wirksamere Jagdtechniken und schließlich durch den Übergang vom Sammeln von Pflanzen zu deren landwirtschaftlichem Anbau überkompensiert. Das so ausgelöste Bevölkerungswachstum endete schließlich in einer weiteren Malthusfalle. Für die Natur war dies aber oft zu spät: Zu viele am Existenzminimum lebende Menschen überlasteten die Natur schließlich so sehr, dass sie zusammenbrach. Nicht immer kollabierte damit auch die Anzahl der Menschen. Denn oft wanderten sie in noch nicht von ihnen überlastete Gebiete aus oder steigerten mittels weiterer technischer Fortschritte die Ausbeutung der Natur so stark, dass dies deren Zusammenbruch überkompensieren konnte. So könnte die bisherige menschliche Geschichte durch den erfolglosen Versuch gekennzeichnet werden, dem Elend des Malthus-Existenzminimums mittels harter Techniken dauernd und endgültig zu entkommen. Denn der wachsende Bedarf an Natur von immer mehr Menschen auf der einen Seite und das wegen ihres Zusammenbruches sinkende Angebot der überlasteten Natur auf der anderen Seite erzwingen nach zeitlich immer länger werdenden Perioden immer wieder die Malthusfalle mit ihrer auf das Existenzminimum gesenkten Versorgung mit Naturressourcen.

Das Durchbrechen der Energie-, Material-, Nahrungs- und Entfernungs-Engpässe vermittels erschöpflicher Naturvorräte nährt die höchst gefährliche Illusion, es befreie endgültig aus den von Malthus beschriebenen Fallen und widerlege seine Schriften (Malthus, 1798; 1878). Gefährlich, weil die in der bisherigen Geschichte recht kurze Periode zwischen dem Zusammenbruch der Natur und dem dadurch ausgelösten Zusammenbruch der Ressourcenversorgung sehr stark verlängert wurde (Haberl, 1992). Denn noch nie war die Ressourcen-Ausbeutung so viel größer, als das auf Dauer aufrecht zu erhaltende, nachhaltige Ressourcen-Angebot der Tragfähigkeit. Die Ökologische Tragfähigkeit sinkt, wenn sie überschritten wird und umso schneller, je mehr und länger dies der Fall ist, ohne dass dies bemerkbar wird, weil die Tragfähigkeit so stark überschritten wird. Sobald der Verbrauch an Naturressourcen deren nachhaltiges, dauernd verfügbares Angebot überschreitet, sinkt dieses, ohne sofort erkennbar zu sein, weil die ausgeweitete Ressourcenausbeutung dies verdeckt – vergleichbar einem Bergwerk, dem man angesichts einer sich rasch ausweitenden Förderung nicht anmerkt, dass die Förderung gerade aufgrund ihrer raschen Ausweitung umso schneller ihr Ende finden muss. Der Zusammenbruch der Ressourcenversorgung wird umso wahrscheinlicher und drastischer, wenn nicht eilends die Naturüberlastung ein Ende findet. Dies kann mit der Beladung eines Schiffes verglichen werden, dessen Höchstlademarke dem nachhaltigen Angebot der Tragfähigkeit entspricht (Daly, 1992). Sobald das Schiff über diese Lademarke hinaus beladen wird, sinkt es und könnte überhaupt keine Landung mehr transportieren, würde es nicht innerhalb kürzester Zeit bis zur Höchstlademarke entladen.

Die Wirkungsweise harter Techniken

Grundsätzlich verändern Techniken den Arbeits- und den Ressourcenaufwand, der erforderlich ist, um eine bestimmte Dienstleistung (etwa Nahrungsversorgung) herzustellen. In den meisten Fällen senken Techniken den Arbeits- bzw. Zeitaufwand[4], in einigen Fällen auch den Ressourcenaufwand. Meistens steigt dieser jedoch. So weist der Anthropologe M. Harris darauf hin, dass um 8000 vor Christus im Tehuacan-Tal Mexikos der Einsatz der Lanze bei der Jagd auf die Ajuerado-Kaninchen die Energiebilanz zunächst auf 3,2:1 anhob (Harris, 1995): Der körperliche Energie-Einsatz bei der Jagd entsprach einer Kalorie und brachte 3,2 Kalorien an Energie-Gewinn durch die Beute. Die Verwendung der Lanze sparte Körper- sowie Nahrungs-Energie und damit den für die Dienstleistung Nahrungsversorgung nötigen Ressourcenaufwand[5]. Die Anzahl der erjagten Kaninchen hätte abnehmen können, weil aufgrund der Energieeinsparung bei der Jagd weniger von ihnen nötig wurden, um den Hunger derselben Menschengruppe zu stillen. Die Anzahl der erjagten Kaninchen stieg aber, denn der Lanzeneinsatz senkte auch den zur Jagd eines Beutetieres nötigen Zeitaufwand. Ohne Lanzen konnte während eines Tages nur eine beschränkte Kaninchenzahl erbeutet werden. Mit den Lanzen stieg diese Zahl. Wenn daher die täglich zur Jagd verwendete Zeit nicht der Zeiteinsparung entsprechend gesenkt wurde, stieg die Anzahl erjagter Tiere. Möglicherweise wurden so aber mehr Tiere erjagt, als nachwuchsen, so dass deren Anzahl sank und wieder soviel Energieaufwand zur Erbeutung eines

---

4 Und heben die Arbeitsproduktivität
5 Wenn die zur Herstellung der Lanze nötigen Ressourcen vernachlässigt werden

Kaninchens nötig wurde, wie vor dem Lanzeneinsatz. Einerseits hungerten die Menschen wieder, andererseits war die Naturbelastung größer geworden. Die Nachteile des Lanzeneinsatzes überkompensierten schließlich seine Vorteile. Schlimmer als dies: Ohne Lanzen war das Nahrungsangebot und damit auch die in einem bestimmten Gebiet lebende Menschenzahl begrenzt. Sie konnte nicht über die verfügbare Nahrungsmenge, geteilt durch den zum Überleben nötigen Nahrungsbedarf eines (mittleren) Menschen hinaus wachsen. Die Lanzen beseitigten diese Bevölkerungsbegrenzung. Die Menschenzahl wuchs. Mit den Lanzen nahm nicht nur die Anzahl der Tiere, die ein Jäger erbeuten konnte, sondern auch die Anzahl der Jäger zu. Dies verringerte die Zahl der Beutetiere so stark, dass das Nahrungsangebot trotz des Lanzeneinsatzes wieder das Niveau vor ihm erreichte. Der Bevölkerung blieb nur die Wahl, durch Pandemien und Rivalitäten um Nahrung wieder auf ihre ursprüngliche Größe zusammenzubrechen, auszuwandern, oder auf wirksamere Jagdtechniken umzusteigen, die die Natur noch mehr überlasteten. Tatsächlich sank die Energiebilanz des Lanzeneinsatzes wieder auf 1:1. Harris schreibt: *„... Auflauern im Hinterhalt mit der Lanze erbrachte anfangs ein Verhältnis von 3,2:1, fiel aber in der Abejas-Periode auf ein Verhältnis von 1:1 zurück und kam dann aus der Mode. Die Jagd auf Rotwild mit dem Wurfspieß ergab zu Beginn ein Verhältnis von 8:1 und sank auf etwa 4:1, als die Tiere seltener wurden. Später führten Pfeil und Bogen auf einen neuen Rekord von 8:1 oder 9:1, aber zu jener Zeit war Wild bereits so knapp geworden, dass es nur unbedeutend zur Kost beitragen konnte. Während sie ihren langen und vergeblichen Verzögerungskampf gegen die Folgen der Ausdünnung von Tierarten führten, verlagerten die Menschen von Tehuacan nach und nach ihre primären Existenzsicherungsbemühungen von Tieren auf Pflanzen. Die Intensivierung der Pflanzenproduktion führte zu einem langsam ansteigenden Anteil von Zuchtpflanzen unter dem „breiten Spektrum" das anfänglich allein durch Sammlertätigkeit angeeignet wurde... Die Arbeitseffektivität dieser unterschiedlichen Systeme der Nahrungsgewinnung stieg von 10:1 über 30:1 auf 50:1. ...Trotz einer... pro Arbeitsstunde um das Fünffache gesteigerten Produktivität der Bewässerungs-Agrikultur mündete die gesamte neuntausendjährige Abfolge von Intensivierungen, Umweltschöpfungen und technischen Neuerungen in einen übergreifenden, umfassenden Niedergang des Ernährungszustands ..."* (Harris, 1995). Die neolithische Revolution des Überganges vom Jagen und Sammeln zu

Ackerbau und Viehzucht wurde durch die Erschöpfung des Tierreiches erzwungen, die wirksamere Jagdtechniken mit sich brachte. Wirksamere Agrartechniken, Agrarchemikalien und die Gentechnik lassen Analoges für das Pflanzenreich befürchten. Beispielsweise ist es schwer auszuschließen, dass allein der Einsatz des Pfluges (der Schlüsseltechnik der Landwirtschaft) auch im günstigsten Fall zur Bodenerosion und Minderung der Ökologischen Tragfähigkeit beiträgt. Denn er beseitigt eine Zeit lang die den Boden vor Wasser- und Winderosion schützende Vegetation.

Harte Techniken bringen die Grenzen zum Verschwinden, mit denen die Natur sich und eine Art vor Überlastung durch ihre übermäßige Ausbreitung schützt. Denn mit der Überlastung würde auch die natürliche Lebensgrundlage der Art zerstört. Beispielsweise wuchs eine um 1800 auf der Insel Tasmanien ausgesetzte Schafherde zunächst sehr rasch (exponentiell) und dann immer langsamer (asymptotisch) gegen eine Tragfähigkeits-Grenze von 1,7 Millionen Schafen[6]. Das Bild 1 zeigt Ergebnisse von Davidson (Davidson, 1938). Die Kreise kennzeichnen die Durchschnittswerte von 5-Jahresperioden.

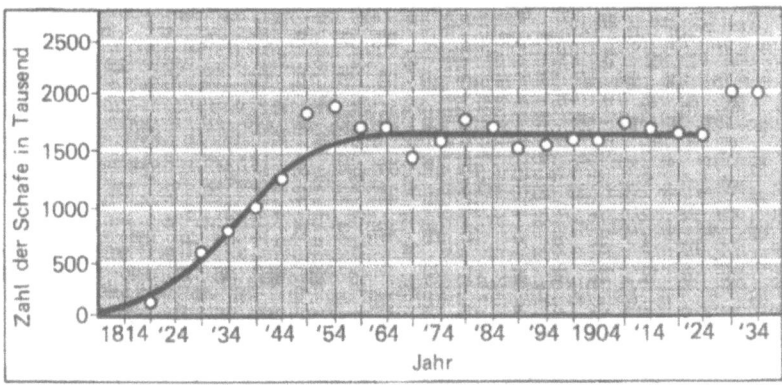

Bild 1: *Das Wachstum einer Schafherde auf einer begrenzten Weide*

Das 1/1,7 Millionstel des jährlichen Grasertrages der tasmanischen Weide entsprach dem Nahrungsbedarf eines mittleren Schafes am Exis-

---

6 Die Schafe hatten keine Räuber, da der Tasmanische Wolf um 1800 bereits weitgehend ausgerottet war.

tenzminimum. Mit der Herdengröße wuchs die Nahrungsknappheit und mit ihr nahm die Sterberate der Schafe genau bis zu ihrer Geburtenrate zu. Nicht weiter, weil dies das Herdenwachstum beendete. Mit dem Wachstum der Herde gab es immer mehr Mitschafe, die einem Schaf die Nahrung wegfraßen, bis es wegen der gesundheitlichen Folgen des Nahrungsmangels im Mittel genau ein Junges hatte. Der Gras-Bedarf der Schafe wuchs bis, aber nicht über das dauernd aufrecht zu erhaltende Angebot der Weidelandschaft. Ein mittleres Schaf benötigt eine bestimmte Weidefläche, einen bestimmten „Ökologischen Fußabdruck" zum Überleben (Wackernagel u.a., 1999; Living planet report 2006). Der Ökologische Fußabdruck aller Schafe, also die zu ihrer dauernd aufrecht zu erhaltenden Ressourcenversorgung erforderliche biologisch produktive Fläche, entsprach bei der Tragfähigkeit von 1,7 Millionen Schafen genau der vorhandenen Weidefläche. Die Herde wuchs in eine Malthusfalle, die ihr Überleben sicherte, indem sie die Tasmanische Weide vor der Überlastung durch unmäßiges Wachstum der Herde bewahrte. Wenn die Anzahl der Schafe durch das künstliche Einbringen zusätzlicher Schafe von außen auf die Weide über deren Ökologische Tragfähigkeit von 1,7 Millionen hinaus gestiegen wäre, wäre die Nahrungsversorgung der Schafe unter das Existenzminimum gesunken. Ihre Sterberate wäre über ihre Geburtenrate gestiegen und ihre Zahl im günstigsten Fall wieder auf 1,7 Millionen gefallen. Günstigstenfalls, denn die zusätzlichen Schafe hätten die Weide überlasten und ihren Ertrag senken können.

In ihrer Geschichte gerieten auch menschliche Kulturen immer wieder in solche Malthusfallen. Der Ressourcenbedarf der in einer Gegend lebenden Menschen wurde durch das in ihr vorhandene Ressourcenangebot aus erneuerbaren Quellen begrenzt (Aubauer, 2004). Bis auf einige Wenige, die im Überfluss lebten, vegetierte die überwiegende Mehrheit am Existenzminimum dahin. Der Einsatz der gesamten zur Arbeit verfügbaren Tageszeit reichte nicht aus, um gerade mehr als die zum Überleben nötigen natürlichen Ressourcen zu beschaffen. Krankheiten und Tötungen als Folge der Ressourcenknappheit und von Ressourcenverteilungskämpfen hoben die Sterberate auf die sehr hohe Geburtenrate an. In vielen Kulturen blieb die Bevölkerungszahl so über mehr als tausend Jahre begrenzt (Diamond, 2006). Veränderungen brachten nur neue Techniken. Das Motiv ihrer Erfindung, Entwicklung und ihres Einsatzes war die Hoffnung auf eine Erlösung aus dem Elend der Malthusfalle, aus der individuellen Knappheit an natürlichen Ressourcen, insbesondere an Nahrung. Die Techniken waren aber insofern hart, als sie stets die Naturausbeutung ausweiteten – ob es die Techniken des Ackerbaues, der Bewässerung, des Transportes oder der Nutzung erneuerbarer sowie nicht erneuerbarer Energie- und Rohstoffquellen waren.

Die meisten der Techniken senkten den zur Gewinnung natürlicher Ressourcen erforderlichen Zeitaufwand: u. a. der von Tieren gezogene Pflug gegenüber dem Grabstock bzw. der Hacke; der von Tieren gezogene Wagen gegenüber dem menschlichen Rücken; die Rodung durch Feuer gegenüber der Rodung durch Hand. Sehr wenige Techniken verringerten die zur Herstellung einer Dienstleistung nötige natürliche Ressourcenmenge (höhere Ressourceneffizienz), die meisten von ihnen vergrößerten diese (niedrigere Ressourceneffizienz): u. a. erschloss die Bewässerung der Landwirtschaft zusätzlichen Boden; die Schifffahrt ermöglichte die Ausbeutung anderer Kontinente; die Verbrennungskraftmaschinen befähigten zur Ausbeutung der in Fossilien gespeicherten Sonnenenergie. Die höhere Zeiteffizienz der neuen Techniken wurde aber nicht genutzt, um innerhalb eines kleineren Zeitaufwandes dieselbe Ressourcenmenge aus der Natur zu holen. Dies hätte auch nicht aus der Malthusfalle erlöst. Die höhere Zeiteffizienz der neuen Techniken wurde verwendet, um innerhalb derselben Zeit mehr Ressourcen zu gewinnen. Dies beseitigte zunächst die individuelle Ressourcenknappheit und das mit ihr verbundene Elend. Damit verschwanden aber auch die Begrenzungen des Bevölkerungswachstums. Die Anzahl der Menschen wuchs wieder, bis die einem einzelnen von ihnen verfügbare Ressourcenmenge erneut auf das Existenzminimum sank. Das Bevölkerungswachstum machte den Fortschritt der Technik zunichte und führte von einer in eine neue Malthusfalle. Es gab mehr Menschen in der Malthusfalle und mehr Naturausbeutung. Oft wuchs die Naturausbeutung über die Ökologische Tragfähigkeit hinaus, sodass diese nach einer Zeitverzögerung zusammenbrach. Beutetiere wurden durch Überjagung ausgerottet. Böden versalzten als Folge der Bewässerung oder erodierten wegen ihrer Übernutzung. Der Einsatz der neuen Technik brachte weniger Naturressourcen, als vor ihrem Einsatz vorhanden gewesen waren.

Die Sterberate stieg über die Geburtenrate, und „Todesgipfel" (Sieferle, 1982) senkten die Bevölkerungsdichte katastrophal auf das tiefere Niveau der verringerten Ökologischen Tragfähigkeit. Die neue Technik brachte den Tod für einen Teil und das Elend des Existenzminimums für den anderen Teil der Bevölkerung. Aufbauend auf Ideen von Vorgängern und der Menschheitsgeschichte bis zu seiner Lebenszeit (1766-1834) wurde dies von T. H. Malthus beschrieben. Er empfahl, das Wachstum der Bevölkerung freiwillig[7] zu begrenzen, weil es sonst unfreiwillig durch elende Hungerfolgen begrenzt werde (Malthus, 1798; 1878). Malthus konnte die Auswirkungen der industriellen Revolution nicht mehr erleben, die ihn scheinbar widerlegen: Heute leben mehr als sechs Mal so viele Menschen, als zu seiner Zeit, ohne dass eine Knappheit der natürlichen Ressourcen ihre Zahl unmittelbar zu begrenzen scheint. Die Knappheit wird von der Industrie aber nur in die Zukunft verschoben und damit drastisch verschärft (Haberl u.a., 1992). Getragen wird die industrielle Revolution von harten Techniken, die die intensive Ausbeutung nicht erneuerbarer Energie- und Materialvorräte ermöglichen. Diese Techniken erlauben es, jährlich um mehrere Größenordnungen mehr Naturressourcen abzubauen, als davor aus sich erneuernden Quellen gewonnen werden konnten. Einerseits ist dieser Ressourcenüberschuss, der die Malthus-These vermeintlich widerlegt, nur vorübergehend. Denn die Menge nicht erneuerbarer Ressourcen ist nun einmal endlich. Wenn sie aufgebraucht sind, fehlen sie[8]. Andererseits verstellt der Überschuss übermäßig ausgebeuteter und sich erschöpfender Ressourcenvorräte den Blick für den gleichzeitig stattfindenden Zusammenbruch der dauernd verfügbaren Versorgung mit erneuerbaren Ressourcenquellen. Je mehr der Ressourcen gegenwärtig mittels angeblich fortschrittlicher, aber harter Techniken ausgebeutet werden, umso weniger stehen zukünftig zur Verfügung, weil etwa die Böden degradieren, die Biosphäre verschmutzt, Nutztierarten und Nutzpflanzensorten verschwinden, die Ökosysteme wegen Artenarmut instabiler, die Unwetter häufiger, die Meere leer gefischt und die Wälder weltweit abgeholzt werden, etc.

---

7 Durch Enthaltsamkeit
8 Dies widerspricht nicht dem physikalischen Gesetz der Energie- und Materialerhaltung. Energie wird durch ihren Verbrauch entwertet und verschwindet dabei nicht. Nutzbare Exergie wird beim Verbrauch in nutzlose Anergie verwandelt. Materialien verschwinden auch nicht durch ihren Verbrauch. Sie werden dabei nur miteinander und mit Umweltmedien verbunden und verdünnt, so dass utopisch große Energiemengen (eigentlich Exergiemengen) nötig wären, um sie wieder in einer zur Nutzung ausreichenden Reinheit herzustellen. Heutige Abfallhalden können deswegen keine Rohstoffquellen der Zukunft sein.

Immer wahrscheinlicher werden weitgehend vollständige Naturzusammenbrüche. Beispielsweise findet sich etwa doppelt so viel Kohlenstoff als Methanhydrat-Eis in Permafrostböden und Meeressedimenten gespeichert, wie in Erdöl, Erdgas und Kohle. Es ist nicht mehr auszuschließen, dass eine Fortsetzung der anthropogenen Erderwärmung durch Treibhausgasemissionen dieses Eis schmilzt und die extrem großen Methanmengen in die Atmosphäre freisetzt. Ein Methanmolekül trägt mehr als zehn Mal so viel zur Erderwärmung bei, wie ein Kohlendioxidmolekül. Damit könnte der (positive) Regelkreis einer Erderwärmung ausgelöst werden, die sich selbst verstärkt und auch dann nicht aufgehalten werden kann, wenn alle menschlichen Treibhausgasemissionen von heute auf morgen auf Null gesenkt würden. Und eine einfache Schlussrechnung[9] ergibt, dass der Meeresspiegel um mehr als 70 Meter stiege, würde eine Erderwärmung das gesamte Eis der Antarktis und Grönlands schmelzen. Die dann sehr klein gewordenen Landflächen würden wegen Temperaturschwankungen, Unwettern und Dürre kaum Menschen ernähren können. Was Malthus für ein kleines, damals isoliertes Land wie Irland beschrieben hat (Malthus, 1798; 1878), gilt immer noch – für die ganze im Weltraum isolierte Welt.

Nach Harris zeigten alle hoch organisierten Zivilisationen der Geschichte Wachstumsgrenzen und brachen aufgrund der wechselseitigen Abhängigkeit von drei Faktoren nach anfänglichem Wachstum immer wieder zusammen (Harris, 1995): Produktion, Reproduktion und Ressourcen. Bislang habe noch jede Zivilisation ihre technischen Kenntnisse genutzt, um die Produktion und ihre Bevölkerung auszuweiten und sei damit durch die Naturüberlastung in neue Ressourcenknappheiten geraten. Weiterer technischer Fortschritt brachte nur vorübergehende Erlösung. Deswegen sind heute grundsätzlich neue Entwicklungsrichtungen erforderlich, die jene harten Techniken aufgeben, die sich um die Existenz von Naturgrenzen nicht kümmern. Wir sollten neue sanfte Entwicklungspfade beschreiten, die möglichst viel Gesamtwohlbefinden innerhalb der Naturgrenzen bringen, die zwar vorübergehend, aber nicht dauernd überwunden werden können. Der Übergang von harten zu sanften Technikpfaden wird unten skizziert. Zuerst sollten aber die Ziele sanfter Alternativen gefunden werden.

---

9 Die mittlere Eisdicke der Antarktis und Grönlands mal deren Landfläche, geteilt durch die Summe aller Meeresflächen. Vernachlässigt wird dabei die thermische Ausdehnung des Meerwassers.

Optimale Werte für Ressourcenverbrauch und Bevölkerungsdichte

Einerseits ist es sicherlich nicht optimal, wenn maximal viele Menschen in der Malthusfalle am Existenzminimum leben. Ihr Wohlstand kann als Null angegeben werden. Andererseits kann es nicht optimal sein, wenn es keine Menschen gibt, oder die vorhandene Natur auf nur ganz wenige von ihnen aufgeteilt wird. Auch ohne Menschen ist der menschliche Wohlstand gleich Null. Dazwischen existiert eine optimale Bevölkerungsdichte (N_{opt}) beim größten Wohlstand (W) aller (N) Bürger, die von einem begrenzten Ressourcenangebot (R) leben.

Wenn die Schafe im obigen Beispiel (Bild 1) in der Lage gewesen wären, ihr Herdenwachstum und ihre Anzahl selbst bei etwa der Hälfte der Weide-Tragfähigkeit (etwa einer Million Schafe) zu begrenzen, wäre ihnen die Begrenzung von außen durch das Hunger-Elend erspart geblieben. Ihren Wohlstand (sofern man von einem solchen bei Schafen sprechen kann) hätten sie sehr weit über den des Existenzminimums bei der Tragfähigkeit (von 1,7 Millionen Schafen) anheben können Den Schafen fehlt sowohl diese Einsicht, als auch die Möglichkeit einer Bevölkerungsbegrenzung durch Veränderung ihrer Rahmenbedingungen. Das sollte aber nicht für Menschen gelten:

Die optimale Bevölkerungsdichte (N_{opt}) bei maximalem Wohlstand (W_{max}) für alle kann aus einer Modifikation der Cobb-Douglas-Produktionsfunktion[10] (Samuelson u. a., 1987) abgeleitet werden. Dabei wird die Abhängigkeit des Wohlstandes ($w(r)$) eines mittleren Bürgers von seinem Ressourcenverbrauch (r) näherungsweise mit der Funktion

$$w(r) = a.(r-r_0)^b \; ; \; b \leq 1 \; ; \; W = N.w. \tag{1}$$

beschrieben. Der individuelle Ressourcenverbrauch (r) findet indirekt über den Kauf von Produkten und Dienstleistungen statt, die den Wohlstand ($w(r)$) liefern. Es lässt sich annehmen, dass diese zum Teil mit Hilfe von Ressourcen hergestellt wurden (Aubauer, 2006a; 20006b). Der Verbrauch (r) entspricht dann der Summe der Ressourcenteile jener Güter und Dienste, die ein mittlerer Bürger (jährlich) kauft. Der Mindestressourcenverbrauch am Existenzminimum soll dabei mit r_0 bezeichnet werden. Der

---

10 http://de.wikipedia.org/wiki/Cobb-Douglas-Funktion

Wohlstand beim Existenzminimum für $r = r_0$ ist Null: $w(r = r_0) = 0$. Im Wesentlichen drückt Gleichung (1) aus, dass der Wohlstand (w) mit dem Ressourcenverbrauch (r) wächst, dass aber der Grenzwohlstand[11] ($\partial w/\partial r$) mit dem Verbrauch (r) sinkt (Samuelson u. a., 1987). Dies zeigt das Bild 2, in dem (wie in allen folgenden Diagrammen) willkürlich der Wert 0,5 für den Parameter b gewählt wurde: $b = 0,5$. Die Parameter a und b wachsen mit der Ressourcenproduktivität (w/r). Zu berücksichtigen ist, dass der Ressourcenverbrauch aller (N) Bürger ($N.r$) durch das dauernd aufrecht zu erhaltende natürliche Ressourcenangebot (R_1) erneuerbarer Quellen begrenzt ist:

$$R_1 = N.r. \qquad (2)$$

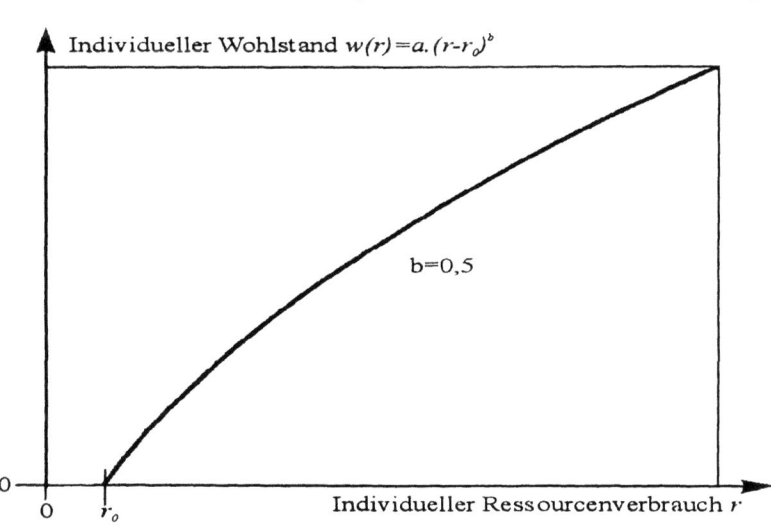

Bild 2: Der individuelle Wohlstand in Abhängigkeit vom individuellen Ressourcenverbrauch

Der gesamte Wohlstand ($W(N)$) aller (N) Bürger folgt dann aus dem Produkt des Wohlstandes ($w(r)$) eines mittleren Bürgers mit deren Anzahl (N): $W(N) = N.w(r = R_1/N)$. Bild 3 zeigt den Wohlstand (W) aller Bürger

---

[11] Der Wohlstandszuwachs, der mit ein und demselben Zuwachs an Ressourcenverbrauch erreicht wird.

in Abhängigkeit von deren Anzahl (N) (bzw. Bevölkerungsdichte), wie er aus einer Substitution der Gleichung (2) in die Gleichung (1) entsteht:

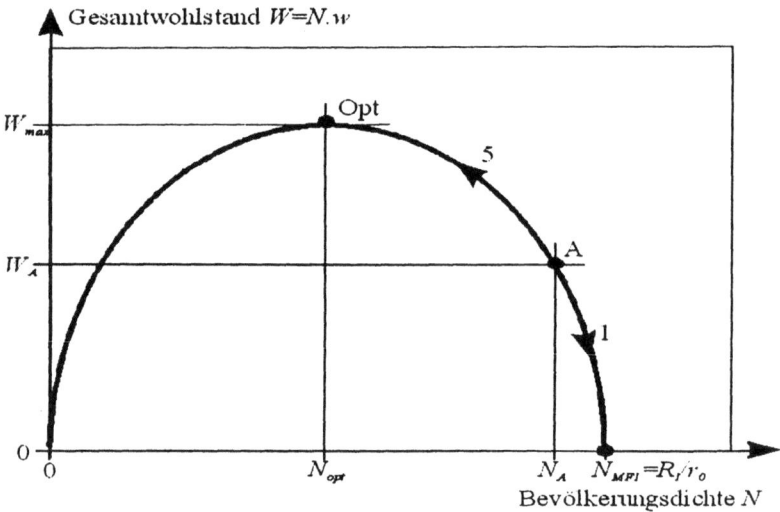

Bild 3: Der von der Bevölkerungsdichte (N) abhängige Gesamtwohlstand

Wenn für den Parameter b ein Wert über (unter) 0,5 gewählt wird, liegt das Wohlstandsmaximum im Bild 3 rechts (links) von der Mitte. Die Malthusfalle ergibt sich, wenn die Bevölkerungsdichte (N) den maximalen Wert ($N = N_{MFI}$) erreicht, der innerhalb des begrenzten Ressourcenangebotes (R_I) möglich ist, weil der Ressourcenverbrauch (r) auf das Existenzminimum ($r = r_0$) abgesunken ist, so dass die Bevölkerung nicht mehr über den Wert N_{MFI} hinaus wachsen kann: $N_{MFI} = R_I/r_0$. Der Wohlstand (W) sinkt in dieser Malthusfalle auf Null [$W(r = r_0 = R_I/N_{MFI}) = 0$] genau so, wie für $N = 0$, wenn es keine Menschen gibt. Maximal groß ist der Wohlstand (W) dagegen bei $W_{max} = W(N_{opt}, r_{opt})$ für die in Bild 3 gezeigten optimalen Werte der Bevölkerungsdichte $N = N_{opt}$ und des Ressourcenverbrauches $r = r_{opt}$, oder für $N_{opt}=(R/r_0).(1-b)$ und für $r_{opt}=(R/N_{opt})=r_0/(1-b)$. Dies folgt aus der Extremwertbedingung:

$$\left.\partial W / \partial N\right|_{\substack{N=N_{opt} \\ r=r_{opt}}} = 0 ; \; W_{opt} = a.b^b.R.\left[(1-b)/r_0\right]^{(1-b)}. \quad (3)$$

„Sanfte" statt „harter" Technikpfade

Für eine Bevölkerungsdichte über dem Optimum ($N>N_{opt}$) ist der Wohlstand (W) zu klein ($W<W_{max}$), weil die individuell verfügbare Ressourcenmenge (r) zu niedrig ist. Für eine Bevölkerungsdichte unter dem Optimum ($N<N_{opt}$) ist der Wohlstand (W) zu klein ($W<W_{max}$), weil die Bevölkerungsdichte (N) zu niedrig ist.

Wenn das Wachstum der Bevölkerung (N) nicht gesellschaftlich begrenzt wird, wächst sie vom Wert $N = N_A$ des im Bild 3 mit A bezeichneten Ausgangspunktes auf den Wert $N = N_{MFI}$ des dort mit N_{MFI} gekennzeichneten Punktes der Malthusfalle und wird dort durch Ressourcenmangel begrenzt. Dies zeigt der Pfeil 1 im Bild 3 an. Der Wohlstand sinkt dabei vom ursprünglichen Wert ($W = W_A$) des Ausgangspunktes (A) auf Null.

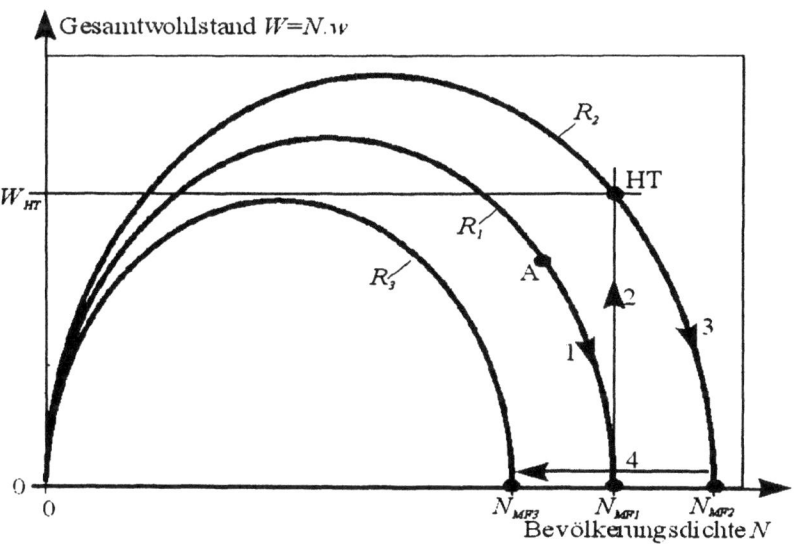

Bild 4: Veränderungen des Gesamtwohlstandes (W) durch harte Techniken

Harte Techniken (HT) würden die Menschen aus dieser Malthusfalle befreien, indem sie den gesamten Ressourcenverbrauch vom Wert $R = R_1$ auf den Wert $R = R_2$ anheben. Dies illustriert der Pfeil 2 im Bild 4, der den Übergang vom Punkt N_{MFI} zum Punkt HT angibt. Der Wohlstand steigt dabei von Null im Punkt N_{MFI} auf W_{HT} im Punkt HT. Ohne Selbstbegrenzung ihres Wachstums würde die Bevölkerung jedoch wieder von $N = N_{MFI}$ des Punktes HT entlang des Pfeils 3 auf den Wert $N = N_{MF2}$ in eine neue Malthusfalle beim Punkt N_{MF2} wachsen. Wenn der Ressourcenverbrauch ($R = R_2$) über der Ökologischen Tragfähigkeit liegt, bricht er nach einer Verzögerungsperiode auf den Wert $R = R_3$ zusammen. R_3 ist kleiner als R_2 ($R_3<R_2$) und möglicherweise sogar kleiner als R_1 ($R_3<R_1$). Dabei sterben katastrophal viele (N_{MF2}-N_{MF3}) Menschen, denn die Gesellschaft kollabiert von der zweiten Malthusfalle (MF_2) in die dritte Falle (MF_3) (entlang des Pfeils 4).

Die harten Techniken brachten kurzfristig Nutzen und langfristig diesen Nutzen übersteigende Schäden. Offensichtlich ist dies auf der Osterinsel im achtzehnten Jahrhundert geschehen. Weil die Wälder abgeholzt waren, fehlte das Holz zum Schiffbau, um die Insel, auf der das Ressourcenangebot praktisch auf Null gesunken war ($R_3 = 0$), verlassen zu können (Cohen, 1996). Die dort lebenden Menschen konnten nicht auswandern und starben vollständig aus. Gewalttätige Auseinandersetzungen verschärften davor die Umweltkonflikte, waren aber sicherlich nicht ihre primäre Ursache. Dies droht nun der im Weltraum isolierten Menschheit[12].

Die geschichtlichen Technikpfade sind fast ausschließlich hart und können durch die Spiralen der Pfeile 1 bis 4 des Bildes 4 beschrieben werden. Die Bevölkerung wuchs bis zur Malthusgrenze der Ressourcenversorgung, befreite sich aus dem Elend durch Ausweitung der Naturausbeutung, wuchs gegen die erweiterten Grenzen der Ressourcenversorgung, kollabierte manchmal durch Naturzusammenbrüche, befreite sich wieder durch noch mehr Naturabbau u. s. w. Technischer Einfallsreichtum ermöglichte den Umstieg von der Nutzung knapp gewordener Naturprodukte auf andere. Dies entlastete aber nicht das Angebot der knapp gewordenen Produkte: Das Tierreich wurde überjagt und dezimiert. Seit dem Umstieg auf die Pflanzennutzung in der Neolithischen Revolution kann es sich aber nicht erholen. Gegenwärtig werden sowohl Tier-, als auch Pflanzenarten knapp. Die Stabilität des Klimas sinkt, seine Variabilität steigt, die Böden degradieren und die Vielfalt sowohl an Nutzpflanzensorten als auch an Wildpflanzen- und Wildtierarten sinkt. Nachdem die erneuerbare Energie des Pflanzenreiches, insbesondere Holz knapp wurde, stieg man auf die Ausbeutung nicht erneuerbarer Energievorräte um, ohne dass sich die Quellen der erneuerbaren Energien erholen können. Fleisch wird auf eine Weise produziert, die die Bodenfruchtbarkeit für Pflanzen senkt. Gleichzeitig

---

12 Vorschläge auf andere Planeten auszuwandern sind unseriös.

werden die Meere ausgefischt. Oft konnten Zusammenbrüche wie auf der Osterinsel nur dadurch vermieden werden, dass die Menschen aus Gebieten, in denen sie die natürlichen Lebensgrundlagen zerstört hatten, in neue Gebiete auswanderten, in denen dies noch nicht der Fall war. Nun ist aber fast der gesamte Planet besiedelt. Die Techniken verringern das dauernd verfügbare Ressourcen-Angebot, auf das alle potenziell in Zukunft Lebenden angewiesen sind.

Was kennzeichnet sanfte technische Entwicklungspfade, die derartige Spiralen in immer schlimmere Malthusfallen vermeiden und hohen Wohlstand nicht nur für die Lebenden, sondern auch für die zukünftigen Generationen bringen? Anstelle des Abgleitens in die Malthusfalle (N_{MF1}) entlang des Pfeils 1 des Bildes 3 hätte eine Begrenzung der Bevölkerung beim Wert $N = N_A$ den Wohlstand des Ausgangspunktes (A) beim Wert $W = W_A$ erhalten und den Zusammenbruch auf Null in den Punkten N_{MF1}, N_{MF2} und N_{MF3} vermieden (Bilder 3 und 4). Darüber hinaus hätte mit einer Absenkung der Geburten- und Zuwanderungsrate (Daly, 2006) die Bevölkerungsdichte vom Wert $N = N_A$ auf den optimalen Wert $N = N_{opt}$ verringert werden können, wodurch der Gesamtwohlstand von $W = W_A$ entlang des Pfeiles 5 auf $W = W_{max}$ im Bild 3 angestiegen wäre. Die Begrenzung der Bevölkerung hätte damit für alle mehr und dauerhafteren Wohlstand gebracht, als der Einsatz harter Techniken.

Bei einem Beibehalten der Bevölkerungsdichte ($N = N_A$) des Ausgangspunktes hätte der Einsatz harter Technik den Wohlstand entlang des Pfeils 6 des Bildes 5 zunächst über den des Ausgangspunktes (W_A) hinaus auf W_{HT2} des Punktes $HT2$ anheben können. Weil damit aber die gesamte Naturausbeutung von R_1 auf R_2 und damit möglicherweise über die Ökologische Tragfähigkeit hinaus gesteigert worden wäre, wäre sie wegen des Naturkollapses auf R_3 zurück gesunken. Dies hätte den Wohlstand entlang der Pfeile 7 und 8 wieder auf den Wert Null reduziert. Wieder hätte der harte Technikeinsatz nach einer Verzögerungsperiode schließlich den Verlust allen Wohlstandes gebracht.

Eine sanfte Technik hätte dagegen die Ressourceneffizienz oder die Parameter a oder b in der Gleichung (1) angehoben. Aus derselben Ressourcenmenge wäre mehr Wohlstand gewonnen worden. Das Bild 6 illustriert die Folgen einer Anhebung der Ressourceneffizienz um 20% ($a_2 = a_{1.}1,2$).

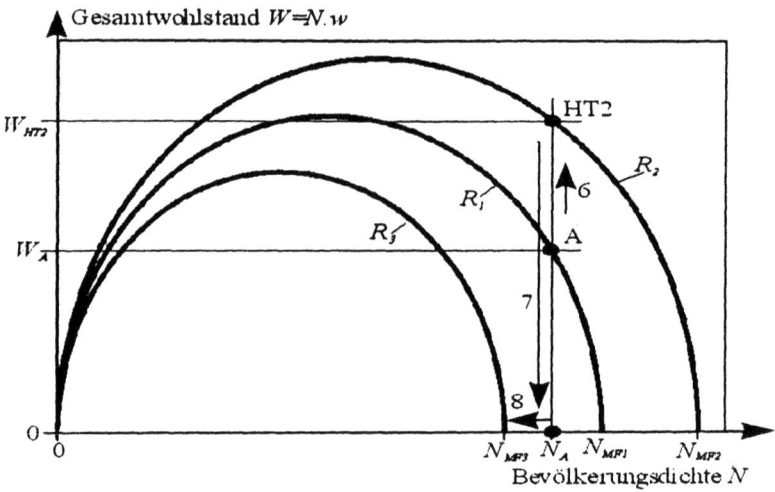

Bild 5: Veränderungen des Gesamtwohlstandes (W) durch harte Techniken bei konstanter Bevölkerungsdichte (N)

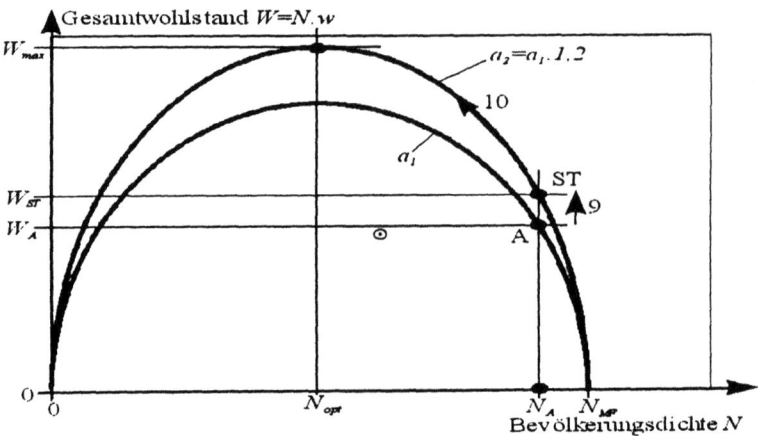

Bild 6: Wohlstandsgewinn durch sanfte Techniken

Die sanfte Technik hätte den Wohlstand bei einer konstanten Bevölkerungsgröße (N_A) von W_A des Ausgangspunktes (A) entlang des Pfeils 9 auf W_{ST} des Punktes ST angehoben, wobei der Gesamtressourcenverbrauch beim Wert $R = R1$ geblieben wäre. Die Naturüberlastung wäre vermieden worden und der Wohlstandsgewinn ($W_{ST}-W_A$) durch die sanfte Technik und die Bevölkerungsbegrenzung dauerhaft geblieben. Er hätte aber höher ausfallen können, wenn zusätzlich die Bevölkerung durch Begrenzung ihres Zuwachses nach einer Übergangsperiode vom Wert N_A des Ausgangspunktes (A) auf N_{opt} abgesenkt worden wäre. Das hätte den Wohlstand dauerhaft entlang des Pfeils 10 des Bildes 5 von W_A auf W_{max} angehoben. Sanfte Technikpfade können also den Wohlstand dauerhaft anheben und sind durch eine Begrenzung des Bevölkerungswachstums sowie eine Anhebung der Ressourceneffizienz gekennzeichnet, wie dies die Pfeile 9 und 10 im Bild 6 illustrieren. Harte Technikpfade können vorübergehend Wohlstandsgewinne bringen, wie dies die Pfeile 2 im Bild 4 und 6 im Bild 5 demonstrieren. Langfristig droht der Wohlstand aber entlang der Pfeile 3 und 4 des Bildes 4 oder entlang der Pfeile 7 und 8 des Bildes 5 auf Null zusammenzubrechen, wenn die harten Pfade die Natur überlasten oder die Bevölkerung gegen natürliche Grenzen wächst. Als Einwand könnten Kriege als zentrales Übel ins Treffen geführt werden, die oft hohe Bevölkerungs- und damit Soldatenzahlen attraktiv erscheinen ließen. Die Möglichkeiten einer gerechten Verteilung der Naturressourcen (Aubauer, 2006a; 2006b) und neuer Verteidigungstechniken entkräften aber dieses Argument.

Sanfte Technikpfade

Sanfte Techniken heben das Wohlbefinden der Lebenden an, ohne das Wohlbefinden der potenziell zukünftig Lebenden zu gefährden, ganz entsprechend der Definition der Nachhaltigen Entwicklung[13]. Die Technik soll das Wohl aller anheben, also auch derer, die potenziell in Zukunft, leben – und das ist die überwiegende Mehrheit aller Menschen[14]: Sanfte

---

13 „Sustainable development meets the needs of the present without compromising the ability of future generations to meet their own needs." (Hauff, 1987).
14 Natürliche Grenzen der Existenz der Menschheit auf der Erde sind erst in einigen Milliarden Jahren erkennbar. Grenzen entstehen etwa aus dem Verlust von Wasserstoff an das Universum oder durch die Entwicklung der Sonne zu einem Roten Riesen. Auf Dauer kann die Erde sicherlich nicht mehr Menschen mit ihren erneuerbaren Ressourcen am Leben erhalten, als die 10^9, die im Jahr 1820 gelebt haben. Sie haben damals die erneuerbaren Ressourcen restlos genutzt, die nicht erneuerbaren jedoch noch nicht intensiv genutzt. Zukünftig

Techniken heben das menschliche Wohlbefinden unter Berücksichtigung der Tatsache an, dass dem erneuerbaren Angebot natürlicher Ressourcen Grenzen gesetzt sind und dass diese Grenzen enger werden, sobald sie überschritten werden. Wenn beispielsweise gegenwärtig jährlich überall mehr Fische gefangen werden, als nachwachsen, sodass Arten ausgerottet werden, sinkt auf Dauer und unumkehrbar die alljährlich zu erntende Menge. Noch wirksamere Fangtechniken können dies kurzfristig und vorübergehend ausgleichen. Die dauernd zu erbeutende Fischmenge sinkt dadurch aber noch stärker, bis dies auch durch noch so intensive Steigerungen der Wirkung der Fangtechniken nicht mehr ausgeglichen werden kann. Eine Fortsetzung des harten Fischfang-Pfades bringt schließlich kapitalintensive hoch technisierte Schiffe, die nutzlos geworden sind, weil sie kaum Gewässer mit Fischen mehr finden. Schon vor diesem Zustand sind sie aber unwirtschaftlich geworden, weil ihr Betrieb mehr kostet, als mit dem Verkauf der von ihnen erbeuteten Fische erlöst werden kann.

Jede Zunahme an Nutzen, den sanfte Technikpfade ermöglichen, stammt aus einer Zunahme der Ressourcenproduktivität, also daraus, dass aus derselben Naturressource mehr Nutzen gewonnen wird, aber auch aus einer Begrenzung der Bevölkerung und nicht aus vermehrten Naturbelastungen. Wichtiger als die momentan gefangene Menge an Fischen ist ihre Arterhaltung. Auf Dauer können so mit traditionellen weitgehend sanften Fischfangtechniken mehr Fische mit weniger Kosten erbeutet werden und der Wohlstand kann wesentlich stärker angehoben werden (Bild 6). Die zukünftig nötigen sanften Technikpfade unterscheiden sich damit grundsätzlich von den in der Geschichte üblichen harten. Sie berücksichtigen die Zukunft und ersetzen die Konfrontation der menschlichen Gesellschaft mit ihren natürlichen Grundlagen durch eine Symbiose zwischen ihnen.

Illustriert werden kann dies auch an Hand des Energiesystems: Ein sanfter Energiepfad setzt vor allem auf eine Verringerung der Primärenergiemenge, die erforderlich ist, um dieselbe Energiedienstleistung (etwa eine bestimmte Raumtemperatur pro Quadratmeter Wohnfläche, oder eine Verkehrsleistung in Personen- oder Tonnenkilometern) herzustellen. Damit soll es nach einer optimal langen Übergangsperiode gelingen, der Natur

---

könnten also mindestens $(10^9)^2 = 10^{18}$ Menschenlebensjahre leben. Das sind mehr als eine Million mal so viel, als die $3 \cdot 10^{11}$ Lebensjahre, die die $3 \cdot 10^9$ Menschen im Zeitmittel während des 19. Jh. lebten. Die überwältigende Mehrheit der Menschen lebt daher potenziell in der Zukunft.

nicht mehr Primärenergie zu entnehmen, als aus der erneuerbaren Sonnenquelle einstrahlt. Auf Dauer ist schließlich nur sie allein verfügbar. Die gesamte im Jahr auf die Erdoberfläche eingestrahlte Sonnenenergiemenge ist sehr groß ($5{,}6.10^{24}$ J) und überschreitet die jährlich verbrauchte Energiemenge (4.10^{20} J) um Größenordnungen. Dennoch lässt sich davon nicht viel mehr nutzen, als es die Lebewesen mittels Photosynthese ohnehin schon tun. Der Engpass bleibt die biologisch produktive Boden- und Wasserfläche. Mit ihr muss einerseits die dezentral einfallende Sonnenenergie gesammelt werden, andererseits müssen mit ihr die zur Herstellung der Sammeltechniken notwendigen Materialien aus nachwachsenden Quellen gewonnen werden. Über die Photosynthese wird im Mittel etwa 1% der eingestrahlten Sonnenenergie fixiert ($3{,}2.10^{21}$ J). Den höchst entwickelten Tandem-Solarzellen gelingt dies mit Wirkungsgraden über 30%[15]. Der Vorteil dieses hohen energetischen Wirkungsgrades wird aber durch einen Materialengpass wieder wettgemacht: Tandemzellen bestehen aus sehr seltenen anorganischen, sich erschöpfenden Rohstoffen. Deswegen sind sie den Pflanzen grundsätzlich unterlegen. Die Menschheit kann nicht mittels Techniken ausreichend lange mit Elektrizität versorgt werden, die seltenste Materialien in hochkomplexer Form miteinander verbinden. Dies setzt auch den modischen Nanotechnologien Grenzen. Zum Teil verbinden sie seltene Materialien in komplexer Weise und behindern deren Wiederverwertung. So könnten sie nicht ausreichend lange Nutzen bringen.

Materialengpässe sind es auch, die der energetischen Nutzung der großen Sand- und Wasserwüsten im Wege stehen. Über den unfruchtbaren Teilen des Landes oder über den Meeren sind weder Fläche noch Sonne knapp. Dennoch fehlen die Materialien, um sie dauernd mit Strukturen (z.B. Photovoltaikanlagen, Solartürmen, Wellenenergiekraftwerken, Wärmekraftmaschinen) überziehen zu können, die Sonnenenergie sammeln. Über den fruchtbaren biologisch produktiven Boden- und Wasserflächen gerät die flächenintensive Sonnenverwertung in Konkurrenz mit der Photosynthese, die die rasch knapp werdende natürliche Grundlage allen Lebens

---

15 Sie bestehen aus mehreren übereinander liegenden extrem dünnen Solarzell-Schichten (mit p-n-Übergängen), die jeweils ein bestimmtes Frequenzintervall aus dem breiten solaren Spektrum in elektrische Energie umwandeln, das übrige Sonnenspektrum aber weitgehend unvermindert durchlassen. Bis zur nächsten Solarzell-Schicht, die ein anderes Frequenzband verwertet. Derart kann ein großer Teil des Solarspektrums in Elektrizität verwandelt werden.

ist. Sie allein bringt die für jegliche Ernährung nötige Biomasse. Eine Ressource, die auch zur wesentlichsten Grundlage der Material- und Energieversorgung werden wird, weil von der Ausbeutung sich erschöpfender Ressourcen stufenweise Abstand genommen werden sollte. Daraus entsteht die vordringliche Priorität, den Energiebedarf (4.10^{20} J) mittels sanfter Techniken zumindest um eine Größenordnung auf das dauernd aufrecht zu erhaltende Angebot erneuerbarer Quellen abzusenken.

Dabei existieren immer noch zusätzliche Möglichkeiten, die Sonnenenergie direkt (etwa über photovoltaische oder photothermische Techniken) oder indirekt (etwa über die Wind-, Wasserkraft oder Biomasse) oder die Erdwärme verstärkt dort zu nutzen, wo dies die Photosynthese nicht behindert (bereits versiegelte Flächen wie etwa Dächer, Straßen oder Lärmschutzbauten). Den Flächen- und Materialengpässen entkommen könnten aber auch organische Photozellen. Sie sind aus organischen nachwachsenden Materialien (Kohlenwasserstoffpolymeren) zusammengesetzt und nutzen das Sonnenlicht mit höherem Wirkungsgrad als Pflanzen. Die Entwicklung organischer Photozellen steht erst am Anfang, auch weil Fördermittel immer noch hauptsächlich in extrem harte Techniken, wie die Kernenergie, fließen.

Vorrang sollte die Vergrößerung der Ressourcenproduktivität oder die Anhebung des Ertrages (genauer: der Energiedienstleistungen) haben, der mit demselben Energieeinsatz erzeugt werden kann. Dies sind vor allem Techniken (wie Wärme-Kraftkoppelungen, Wärmepumpen, Niedertemperatur-Stirlingmotoren), die den Wirkungsgrad der Exergie anheben[16]. Üblicherweise kümmert man sich nur um hohe Wirkungsgrade der Energie und ignoriert, dass sie diese dabei entwert und ihr Exergieanteil gesenkt wird. Als Beispiel kann die sehr weit verbreitete elektrische Widerstandsheizung dienen. Sie wandelt ein Joule höchstwertiger elektrische Energie (Exergieanteil bei 100%) in ein Joule niedrigwertiger Raumwärme (Exergieanteil unter 10%) um. Ihr Energiewirkungsgrad beträgt 100%, ihr Exergiewirkungsgrad dagegen unter 10%. Wärmepumpen können indessen aus einem Joule Elektrizität mehrere Joule Raumwärme erzeugen. Ihr Energiewirkungsgrad kann über mehreren hundert Prozent liegen, weil sie die Temperatur der Umgebungswärme anheben, bis diese nutzbar wird.

---

16 „Exergie" ist der arbeitsfähige Teil der Energie bzw. der Anteil, der sich maximal in mechanische kinetische Energie umwandeln lässt.

Im Gegensatz dazu weiten harte Energietechniken die Energiemengen aus, die der Natur entnommen werden, und versuchen so, Ertragsrückgänge wie beim harten Fischfang überzukompensieren. Der Energieverbrauchszuwachs wird dabei als schicksalhaft unveränderlich angesehen. Die Notwendigkeit und Möglichkeiten seiner Absenkung werden ignoriert (Aubauer, 1977; 1984; 1995; 2006a, 2006b). Verräterisch wird dabei mit der Vielfalt der Energietechniken argumentiert, die angeblich notwendig sei: Auch bei extremer Ausschöpfung könne das Angebot erneuerbarer Energiequellen nur einen Bruchteil des rasch wachsenden Energiebedarfes abdecken. Daher müsse von allen zusätzlichen Möglichkeiten Gebrauch gemacht werden, Energie aufzubringen. Neben den erneuerbaren Energien, deren Entwicklung höchst wünschenswert sei, müssten auch alle nicht erneuerbaren fossilen und nuklearen Energien ausgebeutet werden. Sonst würden die Gesellschaften in eine Energieverknappung geraten, mit der die Wirtschaften und damit auch der Wohlstand zusammenbrechen würden. Denn mit der Verknappung der Energie stiege auch ihr Preis und damit die zu ihrer Bereitstellung nötige Geldmenge – Geld, das anderswo fehle. Energie müsse billig bleiben. Das sei nur möglich, wenn die Aufbringung von Energie in dem Maß erweitert werde, wie der Verbrauch billiger Energie zunehme.

Entscheidend ist daher der Preis der Energie bzw. der Naturressourcen, genauer: die Differenz zwischen dem Preis des Produktionsfaktors Natur und des Produktionsfaktors Arbeit. Als hart wird ein Energiepfad bezeichnet, wenn (wie gegenwärtig) die Energie billig und die Arbeit teuer ist. Dies macht jene Techniken, die Energiesparpotentiale und erneuerbare Energiequellen ausnützen, unrentabel gegenüber hohem Energieverbrauch. Der Bedarf billiger Energie wächst zwangsläufig über ihr Angebot hinaus. Innerhalb der Ideologie der harten Techniken meint man, darauf allein mit der Ausweitung des Energieangebotes reagieren zu können. Wenn dies gelingt, wenn zu Lasten der Umwelt vermehrt billige Energie gewonnen werden kann, werden diese scheinbaren Erfolge durch einen Anstieg des Energiebedarfes erneut untergraben. Die Energieverschwendung wächst: die zur Erledigung derselben Tätigkeiten zurückzulegenden Distanzen (die Zwangsmobilität), der Treibstoffverbrauch pro mittlerer Verkehrsleistung, der Raumwärme- und Warmwasserbedarf pro Person sowie der zur Herstellung und zum Gebrauch eines (mittleren) Gutes nötige Energieverbrauch nehmen immer mehr zu. Der harte Energiepfad schafft sich selbst die Energieknappheit und damit seine Rechtfertigung, die scheinbare Notwendigkeit vermehrter Energieaufbringung zur Vermeidung einer Energieverteuerung – bis die Umwelt und Wirtschaft zusammenbrechen, weil zusätzlich zur intensiv überlasteten Umwelt der Preis der intensiv verschwendeten Energie sprunghaft ansteigt. Die billige Energie senkt die Energieeffizienz und steigert den Verbrauch an Energie so lange, bis die ausgeplünderte Natur (analog zum Fischfang) keine billige und nur mehr teure Energie liefern kann. Das Zusammentreffen der Verschwendung und raschen Verteuerung von Energie überlastet die Wirtschaft. Denn die Energieaufbringung zieht einen großen Teil der verfügbaren Geldmittel an sich und entzieht sie der übrigen Wirtschaft. Das mittlere Preisniveau steigt sprunghaft an. Denn der eine Produktionsfaktor (Energie) wird teuer, ohne dass der andere Produktionsfaktor (Arbeit) billiger wird. Der mittlere Reallohn und Wohlstand sinken dementsprechend drastisch.

Sanft ist der Energiepfad, wenn das Preisverhältnis zwischen Energie und Arbeit bei unverändert hohem Lohn, Einkommen, Wohlstand und Sozialprodukt verändert wird (Aubauer, 1977; 1984; 1995; 2006a; 2006b)[17]. Der eine Produktionsfaktor (Energie) wird insofern aufkommensneutral verteuert, als der andere Produktionsfaktor (Arbeit) gleichzeitig so verbilligt wird, dass das mittlere Realpreisniveau aller Güter und Dienstleistungen unverändert bleibt. Techniken, Strukturen und Verhaltensweisen, die die Energieeffizienz steigern (z.B. Wärmekraftkopplungen, Wärmedämmung, Senken der Zwangsmobilität, Anheben der Produktlebensdauer) und die Sonnenenergie verwerten, werden rentabel, Energie verschwendende Techniken unrentabel. Arbeits- und wissensintensive Verhaltensweisen und Produkte wie Dienstleistungen werden billig, energieintensive dagegen teuer. Die teure knappe Energie wird durch die billige Arbeit[18] ersetzt. Energieverschwendung und Arbeitslosigkeit verschwinden. Der Energiebedarf sinkt schließlich auf das Angebot aus erneuerbaren Sonnenquellen. Ein ökologisch und sozial verträglicher Lebensstil stellt sich ein, der seine natürlichen Grundlagen bewahrt.

---

17 Die Lohnnebenkosten verschwinden nicht nur, sondern werden stark negativ.
18 Bei gleichzeitig hohen Löhnen und Einkommen.

Der Übergang von harten zu sanften Techniken

Ausschlaggebend für den Übergang von harten zu sanften Techniken ist deren Amortisationszeit, also jene Periode, innerhalb derer sich Investitionen in Technik wieder einbringen. Liegt die Amortisationszeit außerhalb der Gebrauchs- oder Lebensdauer der Technik, ist sie unrentabel. Liegt die Amortisationszeit innerhalb, stellen sich Rentabilität und Gewinn ein, der umso größer ist, je größer die Differenz zwischen Gebrauchsdauer und Amortisationszeit ist. Solange natürliche Ressourcen billig sind und Arbeit teuer ist, sind harte Techniken, Verhaltenweisen und Produkte rentabel, sanfte dagegen unrentabel. Politiken, die Ressourcen verteuern und Arbeit verbilligen (ohne das mittlere Preisniveau zu verändern), verdrängen harte durch sanfte Alternativen, weil sie die sanften rentabel und die harten unrentabel machen (Aubauer, 2006a; 2006b).

Allgemein amortisiert sich eine Investition (I) in eine sanfte Technik, die den Energieverbrauch vom Wert q auf den Wert $(q-dq)$ senkt (etwa eine Solaranlage, eine Wärmedämmung oder der Ersatz einer Widerstandsheizung durch eine Wärmepumpe) innerhalb einer Amortisationszeit von A Jahren, wenn P der Energiepreis und z der Zinssatz ist.

$$A.P.q = A.P.(q-dq)+I+I.z.(1+A)/2. \qquad (4)$$

In der Gleichung (4) werden die Energiekosten vor der Investition $(A.P.q)$ den Energiekosten nach der Investition $[A.P.(q-dq)]$ gleich gesetzt, wobei die Investitionskosten (I) und ihre Finanzierungskosten[19] $[I.z.(1+A)/2]$ hinzu kommen. Dies ergibt die Amortisationszeit (A) der Gleichung (5).

$$A = (2+z)/[(2.dq.P)/I-z] \qquad (5)$$

A sinkt mit dem Verhältnis (P/I) aus dem Energiepreis (P) und den Investitionskosten (I). Die Kosten (I) beinhalten die Arbeitskosten. Niedrige Energiepreise (P) und hohe Arbeitspreise ergeben ein niedriges Verhältnis (P/I) und lange Amortisationszeiten (A). Sanfte Techniken, die den Energieverbrauch senken, werden unrentabel. Hohe Energiepreise (P) und nied-

---

[19] Errechnet aus der Summe einer arithmetischen Reihe.

rige Arbeitspreise bringen ein großes Verhältnis *(P/I)*, die Rentabilität sanfter Techniken und einen Gewinn gleich *(G-A).P*, wenn *G* die Gebrauchsdauer symbolisiert.

Schon anlässlich der Energieverknappungen in den siebziger Jahren des vorigen Jahrhunderts wurden daher Übergangspolitiken vom harten zum sanften Pfad vorgeschlagen, die die Arbeit relativ zur Energie ohne Inflation verbilligen (Aubauer, 1977; 1984, 1995). Die endlichen fossilen und nuklearen Energien blieben relativ zur Arbeit dennoch billig. Investitionen in Techniken der Verbesserung der Energieverwertung und der solaren Energienutzung zahlen sich kaum aus, weil deren Amortisationszeit *(A)* meist unter ihrer Gebrauchsdauer *(G)* bleibt. Der Energieverbrauch vervielfachte sich. Schlimmer als dies: Mit der Politik der Energieliberalisierung der letzten Jahre wird Energie wie jedes andere Gut gesehen, dessen Absatz angeblich gesteigert werden müsse. Beispielsweise sinkt der (für eine Kilowattstunde bezahlte) Preis (stark degressiv) mit dem Verbrauch (in Kilowattstunden). Die Großverbraucher zahlen einen niedrigen, die Kleinverbraucher einen hohen Strompreis. Stromsparen bleibt unwirtschaftlich. Nicht die Befriedigung der Nachfrage nach Energiedienstleistungen (z.B. Raumtemperatur oder Verkehrsleistung in Tonnen- oder Personenkilometern) mit möglichst wenig Energie, sondern die Maximierung des Energieverbrauches wird angestrebt. Die verbrauchte Erdölmenge steigt immer mehr über jene, die sich mit niedrigen Kosten gewinnen lässt. Zumindest mittelfristig werden Erdölpreise stark ansteigen (Green, 2006). Immer wichtiger wird daher der vorgeschlagene Übergang zu höherer Energie- und Ressourceneffizienz durch aufkommensneutrale Verteuerung der Naturressource erschöpfbare Energie relativ zur Menschenressource Arbeit und Wissen (Aubauer, 1977; 1984; 1995; 2006a; 2006b). Ohne diesen Übergang machen die erwartbar steigenden Energiepreise sowohl sanfte Techniken der Energiebedarfsreduktion, als auch harte Kernenergietechniken rentabel, die Übergängen zu sanften Alternativen die finanziellen Mittel entziehen. Der harte und der sanfte Pfad schließen einander aus, weil dasselbe Geld nur entweder für die eine oder die andere Alternative ausgegeben werden kann.

Dabei droht die unheilvolle Illusion einer endgültigen Beseitigung von Energieknappheiten durch die Anzapfung des großen Energiereservoirs der Kernfusion. Die (in Energie umgerechneten) Vorkommen des Brennstoffs der üblichen Spaltungsreaktoren (Uran^{235}) sind nicht viel größer als die des

Erdöls. Der Übergang zu den wesentlich umweltschädlicheren Brutreaktoren ermöglicht die Nutzung des in größerer Menge vorkommenden Uran^{238}, wobei das besonders schädliche Plutonium „erbrütet" wird, ein wichtiger Ausgangsstoff für Atombomben. Vertreter des harten Pfades argumentieren, dass mit der Kernspaltungsenergie Energieknappheiten beseitigt werden könnten, bis dies mit Hilfe der Kernfusion endgültig gelinge. Denn die Brennstoffe der Kernfusion (Deuterium und Lithium) sind in so großer Menge zu finden, dass der Energiebedarf der Menschheit über tausend Jahre lang befriedigt werden könnte[20]. Da dies sehr lange erscheint, wird die extrem harte Kernfusionstechnik wesentlich intensiver gefördert, als sanfte Energietechniken gefördert werden. Wobei die Öffentlichkeit gezielt mit dem Argument getäuscht wird, dass Sonnenenergie und Kernfusion ein und dasselbe seien[21]. Die Aussicht auf eine endgültige Vermeidung aller Energie-, Material- und Nahrungsengpässe nährt die trügerische Illusion, die harten Technikpfade der Geschichte „für immer" beibehalten zu können. Sogar die Knappheit fruchtbaren Bodens könne beseitigt werden, indem etwa Biomasse auf Erdschichten gewonnen werden könnte, die übereinander in mehrstöckigen Gebäuden gelagert und mit künstlichem ultraviolettem Licht bestrahlt werden[22]. Dies alles würde aber die menschliche Belastung der Natur weiter über deren Belastungsfähigkeit anheben und den Zusammenbruch der überlasteten Natur weiter beschleunigen. Der

---

20 Der Jahresverbrauch eines Fusionskraftwerks mit einer Leistung von 1000 MW beträgt etwa 100 kg Deuterium und 150 kg Tritium (aus 300 kg Lithium gewonnen). Deuterium ist zu ca. 0,015% im natürlichen Wasser enthalten und somit fast unbegrenzt verfügbar. Tritium wird im Blanket des Fusionsreaktors durch Neutroneneinfang aus Lithium erbrütet. Lithium ist etwa gleichmäßig in der Erdkruste vorhanden. Sein Gesamtvorrat wird auf 100 Millionen Tonnen geschätzt. Damit reichen die Brennstoffvorräte auf der Erde aus, um den Weltenergiebedarf über mehr als ein Jahrtausend zu decken.
21 Unter anderem vertrat dies 2006 ein Teil der österreichischen Bundesregierung in der Öffentlichkeit. Tatsächlich entsteht die auf die Erde eingestrahlte solare Energie durch Kernfusion in der Sonne in einer (mittleren) Entfernung von 149,6 Millionen km von der Erde. Kernfusionskraftwerke auf der Erde wären unzweifelhaft entscheidend schädlicher und teurer als die kostenlos eingestrahlte Sonnenenergie: Darüber hinaus entsteht auch bei der Kernfusion in großem Ausmaß radioaktiver Abfall durch die Neutronenbestrahlung von Werkstoffen.
22 Beispielsweise ist in Rotterdam eine 1 km lange und 6 Stockwerke hohe Intensivlandwirtschaftsanlage geplant: http://www.3sat.de/3sat.php? http://www.3sat.de/nano/bstuecke/15696/index.html.

dadurch ausgelöste Zusammenbruch der Wirtschaft könnte möglicherweise ein wenig in die Zukunft verschoben werden. Sein Eintritt würde aber umso wahrscheinlicher und folgenschwerer gemacht. Mit großer Sicherheit würde das Ende der Nutzungsmöglichkeiten der Kernfusion in tausend Jahren auch das Ende der menschlichen Existenz bringen, zumindest aber das Ende einer würdigen Existenz. Tausend Jahre erscheinen lange, sind aber nur etwa ein Millionstel der Periode, die die Menschheit auf diesem Planeten leben könnte, ohne sich selbst zu zerstören[14].

Die mittelfristig erwartbare Energieverteuerung (peak oil) bietet die allerletzte Chance von harten auf sanfte Techniken umzusteigen. Diese ausreichend beschriebene Weichenstellung (Aubauer, 1977; 1984; 1995; 2006a; 2006b) sollte wegen des Zeitdrucks rasch, eindeutig und klar erfolgen. Kombinationen von harten und sanften Techniken verzögern den Umstieg. Je später er erfolgt, umso schwieriger ist er, bis zu einem Zeitpunkt ohne Rückkehrmöglickeit, ab dem der Umstieg überhaupt unmöglich wird, weil selbst verursachte Katastrophen die erforderliche Handlungsfreiheit rauben. Halbherzige Politiken verpassen letzte Gelegenheiten.

In den politischen Diskussionen wurde beispielsweise eine Wertschöpfungsabgabe oder Maschinensteuer vorgeschlagen, die vermehrt den Kapital- und weniger den Arbeitseinsatz besteuern soll[23]. Nicht aber der Kapital- oder Maschineneinsatz und ihre Wertschöpfung an sich sind Übel, die durch Besteuerung begrenzt werden müssen. Übel sind nur solche Wertschöpfungen und Techniken, die natürliche Ressourcen verschwenden. Übel sind Rationalisierungen, die mittels dieser harten Techniken im Überfluss vorhandene teure Arbeit und Wissen durch knappe billige Ressourcen ersetzen und damit beides, Umweltbelastung und Arbeitslosigkeit, erhöhen. Erwünscht sind beispielsweise sanfte Techniken wie die der Plusenergiehäuser[24], oder Wärme-Kraftkopplungen, die den Ressourcenverbrauch durch Arbeit / Wissen ersetzen. Nicht der Kapital-, sondern der Natureinsatz bzw. Ressourcenverbrauch sollte daher simultan zu einer billiger ge-

---

23 Die mit der zunehmenden Verlagerung von personalintensiver Produktion hin zur Automatisierung verbundenen Abgänge in der Sozialversicherung sollen damit ausgeglichen werden. Denn die direkte Belastung der Personalkosten zugunsten der Sozialversicherung trägt zur Arbeitslosigkeit bei.
24 Aus Solaranlagen auf den Dächern und Wänden der Häuser wird mehr Energie gewonnen, als in ihnen gebraucht wird.

machten Arbeit verteuert werden (Aubauer, 2006a; 2006b). Dies diskriminiert die harten gegenüber den sanften Techniken.

Halbherzigkeit ist auch bei Wirtschaftseingriffen unangebracht: Förderungen sollten in sanfte Techniken einer höheren Ressourcenproduktivität fließen und aus unverantwortbaren Technik-Sackgassen, wie der Weiterentwicklung der Kernspaltungs- und Kernfusionstechniken abgezogen werden. Hat ein Land allein aber überhaupt genug Freiraum, um einen derart gravierenden Wandel einleiten zu können? Es kann gezeigt werden, dass ein Land auch dann gewinnt, wenn es sich im Alleingang für den ökologisch und sozial verträglichen sanften Pfad entscheidet. Denn es entkommt der oben skizzierten Ressourcenknappheitsfalle, steigt aus dem sich rasch verschärfenden globalen Verteilungskampf um immer knapper werdende natürliche Ressourcen aus und entwickelt das Wissen und Können ressourceneffiziente Güter herstellen zu können, die vor dem Hintergrund sich auch weltweit stetig verteuernder Ressourcen bevorzugt gekauft werden. Wenn ein Land schon allein auf dem sanften Pfad gewinnt (Aubauer, 2006b), bleibt es nicht allein.

Als Einstieg in einen sanfte Pfad bietet sich eine stufenweise wachsende, aufkommensneutrale Besteuerung der in großen Strömen in die Wirtschaft fließenden Primärenergie[25] an. Die gesamte Steuerbelastung soll sich nicht ändern und der Wirtschaft sollen keine zusätzlichen Geldmittel entzogen werden (Aubauer 2006b). Das Aufkommen aus der Energiebesteuerung würde verwendet, um die Steuern jedes Bürgers (entsprechend einer negativen Kopfsteuer) um denselben Betrag zu verringern (wobei jene, die keine Steuern zahlen, diesen Betrag direkt erhielten). Mit der Verteuerung der Energie soll ihr Verbrauch und damit auch die Naturbelastung verringert werden, indem Techniken, die dies bewirken, rentabel werden. Denn in erster Ordnung ist die Nutzung von Energie der von Natur proportional (Wiesinger, 2005). Vor einem derartigen Hintergrund würden sich Investitionen in eine Wärmedämmung eher auszahlen, als in eine leistungsfähigere Heizung. Die Veränderung der Raumstruktur zugunsten kürzerer Wege, die im Alltag zurückgelegt werden müssen (weniger Zwangsmobilität) würde weniger kosten, als der Kauf immer schnellerer und damit scheinbar Zeit sparender Kraftfahrzeuge. Heimisches Obst würde finanziell attraktiver werden als importiertes und über tausende Kilometer Luftfracht

---

25 sowie „der „grauen" Energie der Importe

transportiertes. Dies jedoch nur unter der Voraussetzung, dass entsprechend dem Bestimmungs- oder Ziellandlandprinzip (des Handels) im Inland hergestellte Produkte dieselben Marktchancen erhielten, wie im Ausland produzierte und importierte.

Neben der direkten Förderung wichtiger technischer Ideen, wie der Stirlingmotoren oder der organischen Photovoltaik, damit sie als sanfte Schlüsseltechniken eine Pionierfunktion bei der Ausbreitung weiterer sanfter Techniken erfüllen, macht daher vor allem die indirekte Förderung durch eine Veränderung des Finanzrahmens (Aubauer, 2006b) das Umsteigen von harten auf sanfte Techniken rentabel und damit möglich. Statt sich im Detail genau zu überlegen, welches sanfte Schlüsseltechniken sein könnten und diese dann direkt zu fördern, erscheint es effektiver, auf den Einfallsreichtum der Techniker zu vertrauen, die menschlichen Bedürfnisse mit sanften technischen Konstruktionen zu befriedigen.

Längst sind beispielsweise die Vorzüge von Stirling- oder Heißluftmotoren bekannt[26]. In nahezu allen technischen Parametern sind sie den inneren Verbrennungsmotoren, wie Otto- oder Dieselmotoren weit überlegen. Sie können mit dem großen Angebot von Umweltwärme, Sonnenenergie und einer Vielzahl von Kraftstoffen betrieben werden, nutzen diese effizienter, sind (weil die Kraftstoffe gleichmäßig brennen und nicht explodieren) wesentlich leiser, haben keine oder wesentlich weniger Schadabgase, können ohne Getriebe nach vorwärts und rückwärts laufen, haben wie Elektromotoren und Dampfmaschinen ein Drehmoment, das mit sinkender Drehzahl zunimmt, so dass sie selbst startend sind, haben nur Takte, die Arbeit leisten und nicht, wie bei den üblichen Kraftfahrzeugmotoren, drei von vier Takten, die Arbeit kosten. Mit dem im Bild 7 als Konstruktion gezeigten Modell eines Stirlingmotors lässt sich demonstrieren, dass sogar die Körperwärme ausreicht, um ihn anzutreiben[27].

---

26 Der Stirlingmotor ist eine Wärmekraftmaschine, in der ein hermetisch abgeschlossenes Arbeitsmedium (meistens ein Gas wie Luft oder Helium) durch Temperaturänderungen in regelmäßigen Zyklen von außen erwärmt und wieder abgekühlt wird, um mechanische Energie zu erzeugen. Der geschlossene Kreisprozess kann mit einer beliebigen externen Wärmequelle betrieben werden.
27 Er beginnt zu laufen, sobald er auf die Hand gestellt wird, wobei er von der Wärme mit der Temperaturdifferenz zwischen dem unteren (Nr. 13) und oberen (Nr. 12) Verdrängerdeckel angetrieben wird.

"Sanfte" statt "harter" Technikpfade

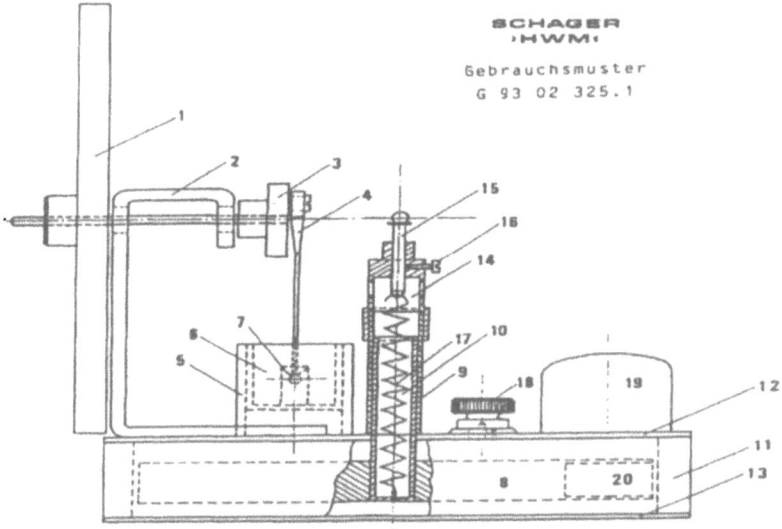

Bild 7: *Schager-Modell eines Stirling Motors*

Stirlingmotoren können auch als Wärmepumpen betrieben werden und in der Kombination beider als Wärmetransformatoren dienen. Diese Transformatoren können die Temperatur der Umgebungswärme ohne Fremdenergie bis zur Vorlauftemperatur von Heizungsanlagen anheben oder bis zu der von Kühlaggregaten senken. Bei der Nutzung von Sonnenenergie erreichen Stirlingmotoren die energetischen Wirkungsgrade von Photovoltaikanlagen, sind aber bezüglich der Werkstoffe anspruchslos. Niedertemperatur-Stirlingmotoren könnten etwa vorwiegend aus Holz gebaut werden. Der Grund, warum sich Stirlingtechniken gegen ihre technisch weit unterlegene Konkurrenz nicht durchsetzen und immer noch ein wirtschaftliches Nischendasein fristen, liegt erstens darin, dass sich ihre Vorteile innerhalb der herrschenden wirtschaftlichen Rahmenbedingungen nicht bezahlt machen und zweitens darin, dass sehr viel Geld in die falsche direkte Förde-

---

Die Zahlen im Bild 7 bezeichnen: 1-Schwungrad, 2-Lagerwinkel, 3-Kurbel, 4-Pleuel, 5-Arbeitszylinder, 6-Arbeitskolben, 7-Kugelgelenk, 8-Verdränger, 9-Zylinder des Verdrängerkolbens, 10-Verdrängerkolben, 11-Verdrängerzylinder, 12-oberer Verdrängerdeckel, 13-unterer Verdrängerdeckel, 14-Federhaus, 15-Feder-Haltestift, 16-Feststellschraube, 17-Rückholfeder, 18-Lüftungsschraube, 19-Gegenmasse, 20-Typenschild.

rung ihrer maschinenbaulich längst überholten Konkurrenz geflossen ist und fließt, das sich amortisieren muss.

Techniken ermöglichten die Evolution der Menschen, indem sie ihnen eine erdrückende Übermacht über das, das menschliche Leben tragende, Tier- und Pflanzenreich verliehen. Mit dieser Übermacht, die vor allem seit der Industrialisierung weit in die millionenjährige Zukunft und über den ganzen Erdplaneten reicht, erwuchs den Menschen aber auch eine Verantwortung (Jonas, 1987), der sie in keiner Weise gerecht werden. Gegenüber dieser Verantwortung blinde Ziele, wie Wirtschaftswachstum durch billige Naturressourcen sowie grenzenloser Verkehr von Kapital, Waren und Dienstleistungen, dominieren. Wenn dies andauert, könnten Techniken dem menschlichen Leben, zumindest aber dem Wunsch zu leben, ein jähes Ende bereiten.

Zusammenfassung

Mittels Techniken konnte sich die Menschheit aus dem Tierreich entwickeln. Während das Bevölkerungswachstum der Tiere durch die Ökologische Tragfähigkeit ihrer Lebensräume begrenzt wird, erlauben harte Techniken den Menschen, über die Tragfähigkeit hinaus zu wachsen und die Natur zu stark zu belasten. Als Folge bricht die überlastete Natur zusammen, wobei ihre Tragfähigkeit für menschliches Leben sinkt. Kompensiert wurde und wird dies durch härtere Techniken, die die Natur intensiver ausbeuten und die Tragfähigkeit weiter überschreiten, bis zum völligen Zusammenbruch der Natur, der nicht mehr kompensiert werden kann und auch die Wirtschaft nach einer Zeitverzögerung in den Zusammenbruch reißt. Ökonomen ist insofern Recht zu geben, als in der menschlichen Geschichte mit Hilfe von Techniken tatsächlich natürliche Grenzen der Naturausbeutung überwunden wurden, jedoch um den Preis künftiger Natur- und damit auch Wirtschaftszusammenbrüche. Die harten Techniken der Geschichte ermöglichten es, zusätzlich zu den Zinsen des natürlichen Kapitals, auch dieses selbst abzubauen. Je kleiner das Kapital ist, umso niedriger sind die auf Dauer jährlich anfallenden Zinsen. Je länger mehr natürliche Ressourcen verbraucht werden, als aus erneuerbaren Quellen nachfließen, umso weniger natürliche Ressourcen fließen auf Dauer nach, zulasten zukünftigen Lebens.

Sanfte Techniken berücksichtigen dagegen die Naturgrenzen. Sanfte Techniken produzieren ein Maximum an Wohlstand ohne wachsende Naturausbeutung innerhalb der vorhandenen Ökologischen Tragfähigkeit, die nicht überschritten wird. Statt Verbrauchswachstums schaffen sie Wohlstand, nicht nur für die lebenden, sondern auch für alle künftigen Generationen. Durchsetzen können sich sanfte Techniken aber nur in einem wirtschaftlichen Umfeld, das sie gegenüber ihren harten Konkurrenten rentabel macht. Dazu müssen geeignete (und oben diskutierte) Maßnahmen den Produktionsfaktor Natur teurer und den Produktionsfaktor Arbeit billiger machen, ohne dass sich das mittlere Preisniveau verändert. Der Einsatz von Arbeit und Wissen würde jenen von Natur verdrängen und sowohl die Arbeitslosigkeit als auch die Naturbelastung senken, ohne Einbußen an Wohlstand und an dem Sozialprodukt. Beispielsweise wäre dies dringend erforderlich, um mittels sanfter Energietechniken den Energiebedarf und das Energieangebot erneuerbarer Energiequellen in Übereinstimmung zu bringen und so aus den harten fossilen und nuklearen Energietechniken eilends auszusteigen.

Literatur

Aubauer H. P. (2006a): A just and efficient reduction of resource throughput to optimum. Ecological Economics, 58, 637-649.

Aubauer H. P. (2006b): Ökologische, globalsolidarische und soziale Zügel für den Kapitalismus. in: H. Knoflacher u. a. (Hrsg.): Weltreligionen und Kapitalismus. echomedia Verlag, Wien.

Aubauer H. P. (2004): Biologisch produktive Bodenflächen als Voraussetzung zukünftigen Lebens. Wissenschaft & Umwelt – 2004. Interdisziplinär Nr. 8. Forum Österreichischer Wissenschaftler für Umweltschutz, Wien.

Aubauer H. P. (1995): Eine natur- wie wirtschaftsverträgliche Energiesteuer.

Wirtschaftspolitische Blätter Heft 5, Wien.

Aubauer H. P. u. a. (1984): Eine Energie- und Rohstoffabgabe statt der Besteuerung von Mehrwertschaffung und Arbeitseinsatz. Wirtschaftspolitische Blätter, 4, 357-366.

Aubauer H. P. (1977): Gibt es Alternativen zur Kernenergie? Das Konzept einer progressiven Energiesteuer. Finanznachrichten, Wien (Hrsg.: Horst Knapp); Heft 4, 28. Jänner.

Brehm A. E. (1883): Thierleben – Allgemeine Kunde des Thierreichs. Zweiter Band (Die Säugethiere). Seite 393 ff. Verlag des Bibliographischen Instituts, Leipzig.

Campell N. A. (1997): Biologie. Spektrum Akademischer Verlag; Heidelberg, Berlin, Oxford.

Cohen J. E. (1996): How many people can the earth support? Seite 356 ff. W. W. Norton & Company, New York, London.

Daly H. E. (2006): Population, migration, and globalisation. Ecological Economics, in press.

Daly H. E. (1992): Allocation, distribution, and scale: towards an economics, that is efficient, just and sustainable. Ecological Economics 6, 185 – 193.

Davidson J. (1938): On the growth of the sheep population in Tasmania. Trans. Roy. Soc. S. Australia 62, 342 -346.

Green D. L. u. a. (2006): Have we run out of oil yet? Oil peaking analysis from an optimist's perspective. Energy Policy 34, 5, 515-531.

Diamond J. (2006): Der dritte Schimpanse - Evolution und Zukunft des Menschen. Fischer Verlag, Frankfurt am Main.

Haberl H. u. a. (1992): Simulation of human population dynamics by a hyperlogistic time-delay equation. J. Theor. Biol. 156, 499-511.

Hauff V. (1987): Unsere gemeinsame Zukunft: Der Brundtland-Bericht für Umwelt und Entwicklung. Eggenkamp, Greven Verlag.

Harris M. (1995): Kannibalen und Könige – Die Wachstumsgrenzen der Hochkulturen. Klett-Cotta/dtv Verlag, Stuttgart, Seite 36.

Jonas H. (1987): Das Prinzip Verantwortung. Suhrkamp Verlag, Frankfurt am Main.

Living Planet Report (2006) http://www.ourplanet.com/imgversn/footprint/Living%20Planet%20Report%202006.pdf

Malthus T. R. (1798): First Essay on Population. reprinted for the Royal Economic Society by Macmillan & Co. Ltd. St. Martin's Street, London, 1926.

Malthus T. R. (1878): An Essay on the Principle of Population. Reeves and Turner, 196 Strand, 100 Chancery Lane.

Odum E. P. (1971): Fundamentals of Ecology. W. B. Saunders Company; Philadelphia, London, Toronto.

Wackernagel M. u. a. (1999): National natural capital accounting with the ecological footprint concept. Ecological Economics, 29, 375 – 390.

Wiesinger M. (2005): Grenzen des Ressourcendurchsatzes und Bevölkerungswachstums der verschiedenen Länder der Welt. Diplomarbeit, Universität Wien.

Samuelson P. A. und Noedhaus W. D. (1987): Volkswirtschaftslehre – Grundlagen der Makro- und Mikroökonomie. Band 2, Bund-Verlag GmbH, Köln.

Shelford V. E. (1943): The relation of the snowy owl migration to the abundance of the
collared lemming. Auk, 62, 592 – 4.

Sieferle R. R. (1982): Der unterirdische Wald. Beck Verlag, München.

Technologiebedingte Ursachen des Wachstums
Empirische Zusammenhänge und Befunde

Tadej Brezina

Abstract

Die Einleitung beschreibt Forschungshintergrund und -motivation, bestimmt die zu untersuchenden Themen und legt sie zeitlich sowie geographisch fest. Der folgende Abschnitt zeigt zwei Beispiele für dramatische technologische Entwicklungen. Anschließend werden drei wesentliche Typen von Zeitreihen technologischer Entwicklungen vorgestellt. Basierend auf dieser Analyse wird die Grundthese der Wirkung technologischer Sparten abgeleitet und anhand dreier Schemata spezifiziert. Diese Schemata dienen dazu, das Widerspiel von Verbrauch und Effizienzentwicklung zu hinterleuchten und zu untersuchen, ob die Verbesserung von Technologien deren negative Wirkungen auf die Umwelt einschränken kann.

Zur Anwendung der Schemata werden als Beispiel Düngerproduktion und Düngereinsatz in der Landwirtschaft herangezogen und mittels der Zusammenhänge von Erträgen bei Dünger- und Maschineneinsatz untermauert. Zum Abschluss wird ein Schema beispielhaft auf Stahlverbrauch und Stahlproduktion angewendet.

Aus diesen Untersuchungen wird der Schluss gezogen, dass bei der gegebenen, steigenden Systemineffizienz eine Verbesserung der Technologie nicht im Stande ist, die negativen Wirkungen auf die Umwelt in den Griff zu bekommen.

Einleitung

Das Projekt „Technologiebedingte Ursachen des Wachstums" (Leitung: Hermann Knoflacher) des Club of Vienna untersucht den Einfluss der Technologie auf das materielle Wachstum stofflicher und konsumbezogener Güter, da dieses Wachstum an die Grenzen der ökologischen Tragfähigkeit und der Ressourcen der Welt führt.

Die Eingriffe des Menschen in die Ökosphäre mittels Technik und Technologie führen einerseits zu materiellem Wachstum, andererseits wirken sie sich auf unseren Lebensraum aus und führen zu entsprechenden Veränderungen. Hierbei sind einerseits besonders die Aspekte der positiven Rückkopplungen zu berücksichtigen, die antreibend auf technologisches Wachstum wirken, und andererseits die zunehmende Entkopplung der menschlichen Wahrnehmung von den systematischen Eingriffen in das Ökosystem, wie sie zum Beispiel von J. McNeill (2000) beschrieben worden sind.

Der empirische Teil des Forschungsprojektes „Technologiebedingte Ursachen des Wachstums" untersucht technologisch relevante Bereiche, wie zum Beispiel Verbrauch von Energie und Stoffen, über einen Zeithorizont von 200 Jahren, also vom großflächigen Beginn der industriellen Revolution 1800 bis heute.

Der Startzeitpunkt wurde mit dem Jahr 1800 unter der Annahme festgelegt, dass ab diesem Zeitpunkt der Einfluss der großflächig angewendeten externen Energie im Rahmen der industriellen Revolution zu wirken begann. Der Startzeitpunkt liegt also, im System betrachtet, noch vor der industriellen Revolution beziehungsweise an deren Beginn. Dies ist natürlich nur eingeschränkt richtig, da Erfindungen, die zur industriellen Revolution führten, auch bereits vorher gemacht worden waren. Ein langjähriger Prozess in den einzelnen Ländern war jedoch die kommerzielle Anwendung der Erfindungen sowie deren Verfeinerung und Weiterentwicklung. Siehe dazu R. Gööck (1991), F. Klemm (1983), F. Paturi (1988), A. Paulinyi und U. Troizsch (1997).

Thematisch lassen sich die gesuchten und untersuchten Parameter in folgende Themengebiete grob einordnen (Tab. 1).

Energie	Energieumwandlung und Technologie
Industrie	Konsum
Landwirtschaft	Medien
Mobilität	Stoffe
Telekommunikation	Wirtschaftsaspekte

Tab. 1: Thematische Untersuchungsbereiche

Empirische Zusammenhänge und Befunde 115

Geographisch wurde auf dem Niveau von Staaten bzw. der gesamten Welt gearbeitet. Auf der Ebene der Staaten sind Daten über solch lange Zeiträume in brauchbarer Qualität (konstante Erhebungsmethode und Angabe des Gebietes, zum Beispiel bei Änderung von Staatsflächen) vorrangig von jenen Ländern verwendbar, die in der industriellen Revolution eine Führerschaft hatten (Europa, hier vor allem England, die Vereinigten Staaten und erst später Russland).

Das Vorhaben, einen so langen Zeitraum datenmäßig abzustecken, beinhaltet aber die Limitierung, dass
- für diesen Zeitraum für geographisch konstante Gebiete keine durchgehenden Daten in möglichst konstanter Qualität vorhanden sind;
- viele Techniken erst zu einem späteren Zeitpunkt aufgetaucht sind.

Beispiele für dramatisches technologisches Wachstum

Bevor einige Erkenntnisse aus und Überlegungen zu den untersuchten Daten behandelt werden, bietet es sich an, das Phänomen des Wachstums von Technologie, die von Menschen geschaffen oder vorangetrieben wird, anhand von zwei Beispielen zu illustrieren.

Das erste Beispiel ist die genutzte motorische Leistung, die dem Menschen im Verlauf seiner Entwicklungsgeschichte zur Verfügung stand (siehe Abb. 1). Die Originalquelle (Bertaux P. 1963) verwendet fälschlicherweise den Ausdruck Kraft für die Einheit Kilowatt. Das Diagramm zeigt auf der Achse der Menschheitsgeschichte, wann dem Menschen welche biogenen und nicht-biogenen Leistungen zur Verfügung standen. Im Fall des Menschen selbst ist zu beachten, dass diesem seine eigene Leistung nicht erst vor siebentausend Jahren zur Verfügung stand, sondern schon immer. Im Diagramm ist die zeitliche Position des Menschen eher symbolisch zu betrachten. Die Verschiebung dieses Datenpunktes nach rückwärts hätte keine Auswirkung auf den dramatischen Anstieg der nutzbaren Leistung in den letzten 200 Jahren. Zu beachten ist, dass das Diagramm im logarithmischen Maßstab gehalten ist, was dem Anstieg einen hoch überexponentiellen Verlauf gibt. Am ehesten wird die Punktschar durch eine Potenzfunktion approximiert. Modifizierend dazu eingetragen ist der grob schematische Verlauf des Verfügbarkeitsgrades dieser Technologien für den Menschen (graue Kurve). Sie reicht von 100% bei der menschlichen Leistung bis zu

Anteilen nahe null bei der Rakete. Hier ist die Technologie selbst gemeint und nicht abhängige Technologien, wie zum Beispiel Wettersatelliten, deren Dienste weit größeren Bevölkerungsteilen zur Verfügung stehen.

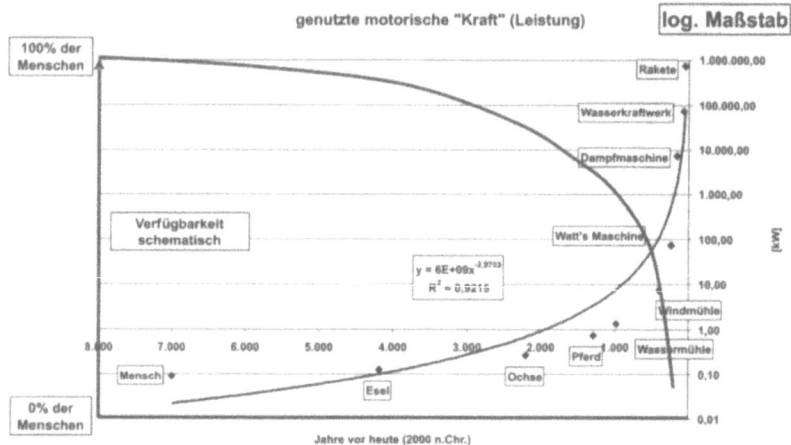

Abb. 1: *Nutzbare motorische Leistung, modifiziert nach (Bertaux P. 1963)*

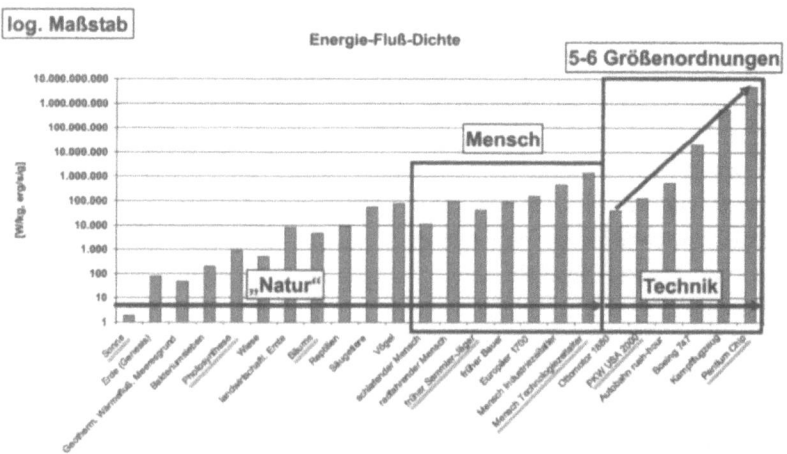

Abb. 2: *Energie-Fluss-Dichte verschiedener Entitäten, nach (Chaisson M. 2001, in: de Vries B. J. M. 2004)*

Empirische Zusammenhänge und Befunde 117

Als zweites Beispiel dient die Energie-Fluss-Dichte (Abb. 2). Hier ist der massebezogene Fluss der Energie in unterschiedlichen Entitäten dargestellt. Diese Entitäten reichen von Materie (Sonne) über Lebewesen und Prozesse (Photosynthese) bis zu Habitaten (Mensch und Umgebung) und zu einzelnen Technikbausteinen. Allein im Bereich der vom Menschen geschaffenen Technologien kann, in der im Vergleich zu den vorhergehenden Zeiträumen kurzen Zeit von ca. 120 Jahren, eine Erhöhung um fünf bis sechs Größenordnungen vom Ottomotor zum Pentium Chip ausgemacht werden.

Betrachtet man nur den Bereich des Menschen allein (Abb. 3), so ist ersichtlich, dass der Mensch im Verlauf seiner Entwicklung sein Umfeld (die Energie-Fluss-Dichte des Körpers ist ja evolutionsbedingt konstant geblieben) um das circa 35-fache energetisch intensiviert hat.

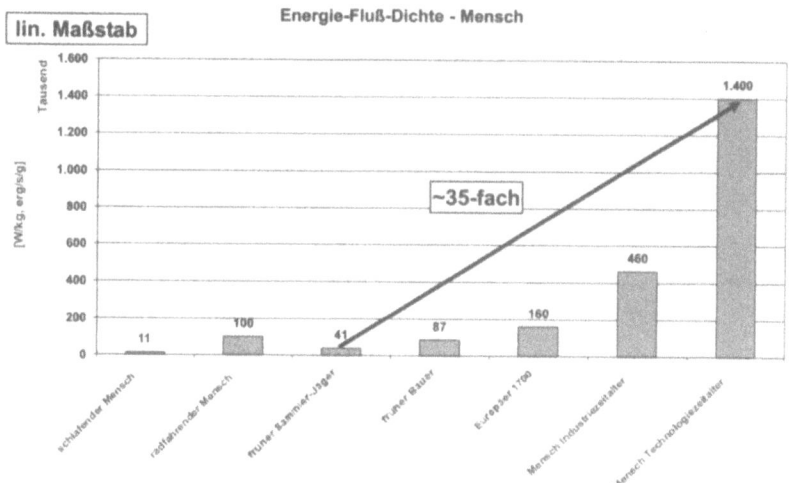

Abb. 3: *Energie-Fluss-Dichte des Menschen, Ausschnitt aus Abb. 2*

Typen der Entwicklung

Bei der Analyse der über 200 einzelnen Entwicklungsverläufe, die zusammengetragen wurden, haben sich tendenziell drei Typen von Entwicklungen herauskristallisiert.

Verbrauch absolut

Dieser Entwicklungstyp zeigt den Verbrauch von Energie, Stoffen und Konsumgütern für eine der geographischen Einheiten, Welt oder Staat. Der jährliche globale Energieverbrauch ist dafür ein gutes Beispiel. Er steigt exponentiell an. Die Approximation der Kurvenschar mittels e-Potenzkurve erfolgt außerordentlich gut mit einem R^2 von größer 0,94. Nimmt man nun die Zeitreihe und dividiert die Energiewerte durch die Zeitreihe der Erdbevölkerung (ebenfalls mit großem R^2 wachsende Exponentialkurve) so ist das Resultat der durchschnittliche, globale Verbrauch von Energie pro Mensch. Diese Entwicklung (siehe Abb. 4) folgt nahezu mathematisch exakt einer e-Potenz.

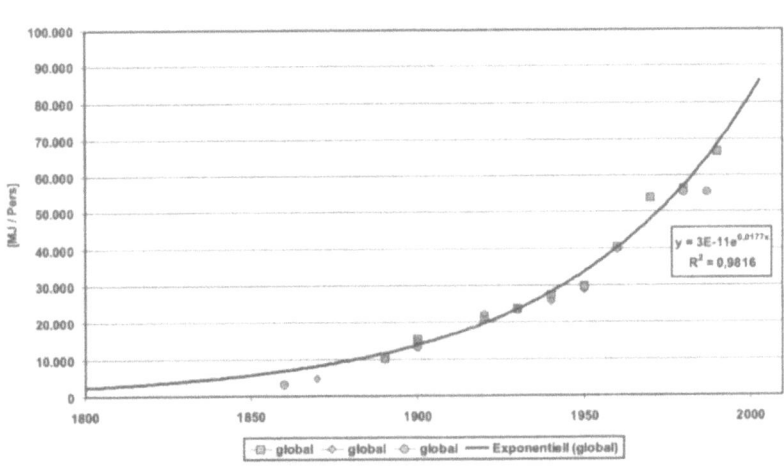

Abb. 4: *Globaler Pro-Kopf-Energieverbrauch, nach (Gööck R. 1991, Varchmin J. et al. 1984, Cipolla C.M. 1972, Cohen J.E. 1995)*

Verbrauch spezifisch

Ein Beispiel für eine Entwicklung vom Typ „Verbrauch spezifisch" – die sich per definitionem im Großteil der Fälle aus dem absoluten Verbrauch ableiten lässt – sind die spezifischen Emissionen von Kohlendioxid aus

Empirische Zusammenhänge und Befunde   119

fossilen Brennstoffen, wie sie in Abb. 5 dargestellt sind. Dieses Beispiel ist gewählt, weil es eine der wenigen Kurven innerhalb dieser Kategorie ist, die keine eindeutig und stark wachsende Charakteristik – analog zu Abb. 4 – hat. Während die Verläufe der USA, Österreichs und Großbritanniens konstant, leicht steigend oder leicht fallend sind, so weist der Verlauf der BRD ein ausgeprägteres Bild auf. Betrachtet man die Lage des Jahres 1991, so kann man den Schluss ziehen, dass hier der Rückgang der energieintensiven Industrien der DDR im Rahmen der deutschen Wiedervereinigung abgebildet ist.

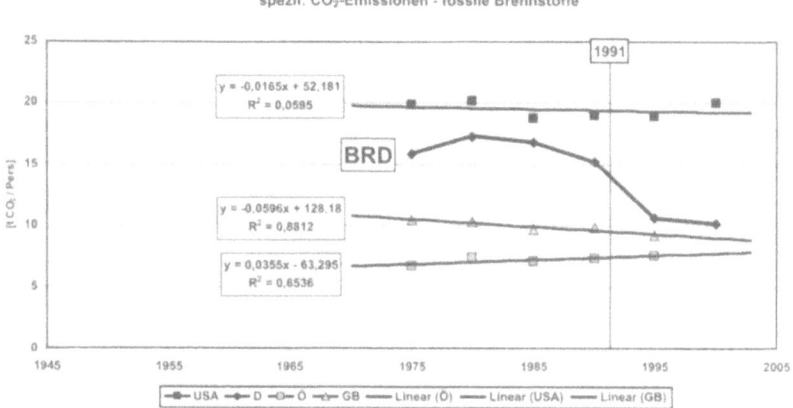

Abb. 5: *Pro-Kopf-Emissionen von CO_2 für die USA, BRD, Großbritannien und Österreich, nach (DESTATIS 2003)*

Effizienz – spezifischer Aufwand

Die dritte Gruppe der Entwicklungen sind jene der Effizienz von Technologien und Prozessen. Klassisch wird die Effizienz als Output durch Input definiert. Im weiteren Verlauf, weil es für die spätere Verwendung noch gut handhabbar sein wird, betrachten wir den spezifischen Aufwand als Aufwand durch Zweck, das heißt in der reziproken, klassischen Definition.

Das Beispiel in Abb. 6 zeigt, wie stark im Verlauf des 20. Jahrhunderts die Effizienz bei Drehstrommotoren im Verhältnis Masse des Motors zu erzeugter Leistungsfähigkeit zugenommen hat. Der Aufwand (kg an Motormasse) pro Zweck (kW an Leistung) hat daher abgenommen (spezifischer Aufwand).

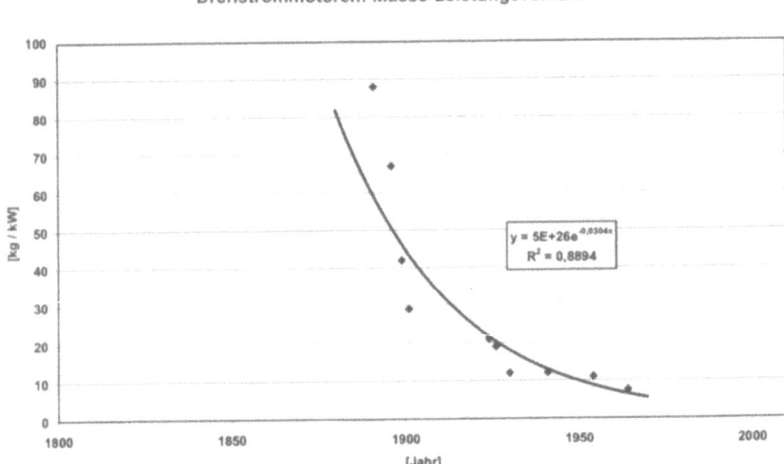

Abb. 6: Abnahme der Masse pro produzierter Leistung bei Drehstrommotoren, nach (Buchheim G. et al. 1990)

Effizienzverbesserung bedeutet also nach klassischer Definition steigende Effizienz. Sie ist gleich der Abnahme des spezifischen Aufwandes.

Elementare Entwicklungsprinzipien

Zur Bewertung und Abschätzung der zu untersuchenden Technologien dient folgende Grundthese: Die Wirkung einer Technologie auf die Umwelt (z.B. Emissionen) ergibt sich aus dem Verbrauch in dieser Technologie beziehungsweise dem Ausmaß des Gebrauches dieser Technologie mal dem spezifischen Aufwand zur Zweckbefriedigung innerhalb dieser Technologie (spezifischer Aufwand). Siehe Gleichung 1.

Wirkung = Verbrauch × spezifischer Aufwand   *Gleichung 1*

Diese Grundthese wird nun als Instrument herangezogen, um auf Basis der empirisch ermittelten Entwicklungen zu untersuchen, ob die schädi-

Empirische Zusammenhänge und Befunde 121

gende Wirkung einer Technologie durch Verbesserung der Effizienz unter Kontrolle gehalten werden kann.

Aufgrund der vorliegenden Entwicklungen und ihrer Charakteristiken lassen sich drei grundlegende Schemata ableiten, wobei die Variabilität in der Art der Verbrauchsfunktion liegt, die Funktion des spezifischen Aufwandes ist in allen drei Schemata von der gleichen Art. Im Folgenden sollen die drei Schemata und deren Charakteristika theoretisch vorgestellt werden.

Schema a

Der Verbrauch (y_1) steigt linear aus dem Ursprung an, der spezifische Aufwand (y_2) ist eine negative Exponentialfunktion. Diese Exponentialfunktion unterliegt der physikalisch-chemischen Randbedingung, dass die Konstante c größer 0 sein muss, da sich technologische Prozesse, wie sie bei Energie- und Stoffumwandlungen der Fall sind, nie unterhalb des stöchiometrisch-thermodynamischen Minimums – zuzüglich der Verluste, die sich aus dem Prozess ergeben – begeben können.

$$w = y_1 \cdot y_2 = (a \cdot t) \cdot \left(k \cdot e^{-n \cdot t} + c\right) \qquad \textit{Gleichung 2}$$

Abb. 7 zeigt nun beispielhaft die drei Funktionen w, y_1 und y_2 für ein Set von Variablen. Die graue Gerade steigt aus dem Ursprung mit a konstant an. Der spezifische Aufwand (strichliert) ist eine negative e-Potenz. Das Produkt beider Funktionen ist die schwarze Linie. Im konkreten Fall zeigt die Wirkung bei t = 10 ein relatives Maximum, um dann, weil das Gefälle der Kurve des spezifischen Aufwandes größer ist als die Steigung der Verbrauchskurve, auf ein relatives Minimum bei t = 65 zu sinken. Ab hier übernimmt die Steigung des Verbrauches das Kommando, da sich die Steigung von y_2 asymptotisch von kleiner Null an Null nähert. Dieses Schema ist aus zwei Gründen nicht besonders plausibel zur Beschreibung unserer Datensets:
1. ist ein lineares Ansteigen des Verbrauches genau aus dem Nullpunkt unseres relativen Koordinatensystems (t = 0 relativ ist gleich t = 1800 absolut) unwahrscheinlich.

2. ist die starke anfängliche Effizienzzunahme bei der noch sehr geringen Nutzung dieser Technologie ein unwahrscheinliches Setup.

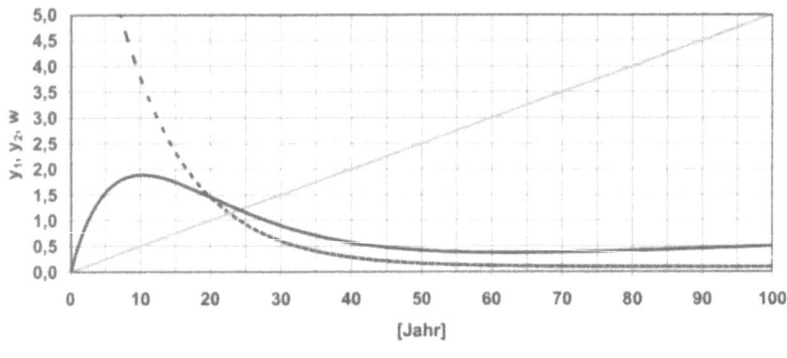

Abb. 7: *Gleichung 2 mit den Parametern k=10,0; n=0,10; c=0,10 und a=0,05*

Obwohl das Schema a bei den weiteren Analysen nicht verwendet wurde, soll es der Vollständigkeit halber doch genannt sein, da es als Ausgangspunkt für die Ableitung der beiden weiteren Schemata gedient hat.

Schema b

Schema b ist der verallgemeinerte Fall des Sonderfalles Schema a. Hier ist der spezifische Aufwand nach wie vor eine negative e-Potenz, jedoch steigt die Verbrauchskurve linear nicht mehr aus dem Ursprung an. Das heißt bei y_1 kommt der Parameter hinzu, der bekannterweise die Gleichung der Geraden charakterisiert (Gleichung 3).

$$w = y_1 \cdot y_2 = (a \cdot t + d) \cdot (k \cdot e^{-n \cdot t} + c)$$ *Gleichung 3*

Die in Abb. 8 abgebildete Parameterkombination führt dazu, dass die Zunahme der Effizienz (negative Steigung des spezif. Aufwandes) bei der

Wirkung t = 15-20 eine horizontale Tangente bewirkt, der Anstieg der Wirkung also abgefedert werden konnte. Da jedoch der Verbrauch weiter steigt, kann die Effizienz nicht weiter zunehmen, die Kurve der Wirkung beginnt wieder zu steigen und wächst ins theoretisch Unendliche.

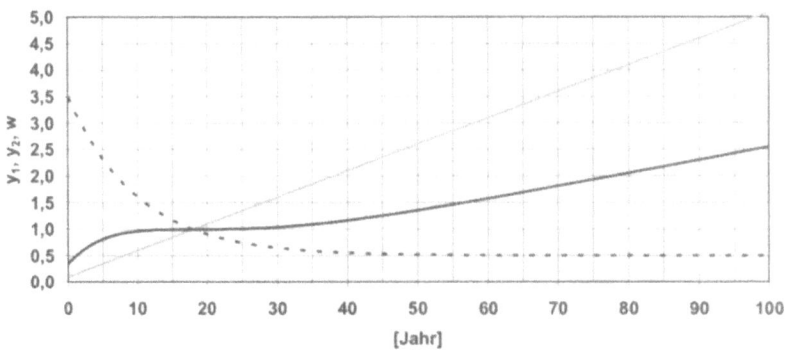

Abb. 8: *Gleichung 3 mit den Parametern k=3,00; n=0,10; c=0,50; a=0,05 und d=0,10*

Schema c

Schema c zeichnet sich aus durch den Verbrauch als positive e-Potenz und den spezifischen Aufwand weiterhin als negative e-Potenz.

$$w = y_1 \cdot y_2 = \left(g \cdot e^{-mt} + d\right) \cdot \left(k \cdot e^{-nt} + c\right) \qquad \text{Gleichung 4}$$

Die Abbildung von Gleichung 4 bei den oben angegebenen beispielhaften Parametern zeigt, dass das Wachstum des Verbrauches größer ist als die Effizienzzunahme, die Wirkung steigt daher von Anfang an exponentiell gegen unendlich.

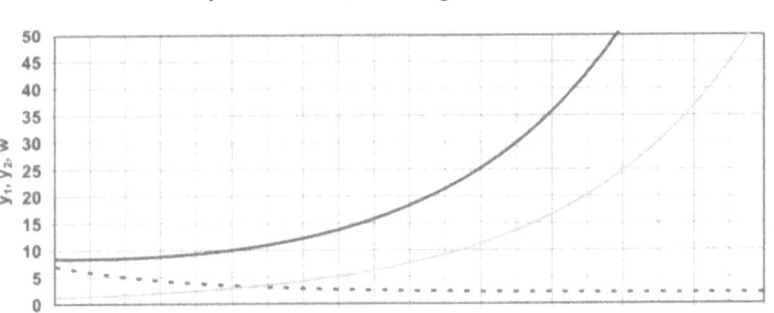

Abb. 9: Gleichung 4 mit den Parametern k=5,00; n=0,05; c=2,00; g=1,00; m=0,40 und d=0,20

Beispiel Landwirtschaft

Mit den obigen Schemata soll nun am Beispiel der Landwirtschaft untersucht werden, wie sich Business as usual auf die Weiterentwicklung auswirken würde.

Abb. 10 zeigt den Wirkungsgraph für die vereinfachte Darstellung der Landwirtschaft. Die in diesem Diagramm hellgrau gehaltenen Bestandteile sind zwar für den Zusammenhang nicht unwesentlich, in diesem Kontext werden sie jedoch nicht weiter vertieft.

Der Mensch oder genauer sein Gehirn versucht mit dem Einsatz von Technik und Technologie sein Bedürfnis nach Bequemlichkeit – rührt aus dem Energieaufwand im Widerspiel von geistiger und physischer Energie – sowie sein Bedürfnis nach sozialer Sicherheit und nach Versorgungssicherheit zu befriedigen. Das „Ich", das eine bestimmte Bedürfnisbefriedigung angestrebt hat, erfährt sie. Aber die Bedürfnisbefriedigung hat auch Nebenwirkungen. Sie sind primär (jedoch nicht ausschließlich) für jene „anderen" zu verspüren, die nicht nach dieser Bedürfnisbefriedigung gestrebt haben. Derjenige, der die Bedürfnisbefriedigung angestrebt hat, kann

Empirische Zusammenhänge und Befunde

und wird ebenfalls von Nebenwirkungen berührt werden. Das „Ich" und die „anderen" reichen vom Individuum bis zu sehr großen Gruppen wie Nationalstaaten oder Kulturkreisen. Im Falle unseres Beispiels erfolgt die Bedürfnisbefriedigung durch die landwirtschaftliche Produktion, die mit Dünger und Maschinen landwirtschaftliche Produkte herstellt, womit der zweite Kreislauf geschlossen ist.

Der „Rest der Welt" ist stark vereinfacht unter dem Terminus „andere Industrien" zusammengefasst.

Die landwirtschaftliche Produktion greift auf die natürlichen Ressourcen Wasser, Luft, Boden, Fauna und Flora zu und verändert im Regelfall deren Qualität und Quantität. Die Quantitätsänderung bedarf oft einer technischen Kompensation mit den Mitteln anderer Wirtschaftsbereiche. Dies kann im Fall von Wasser die Anwendung technologischer Maßnahmen wie Brunnen, Pumpen und Staudämmen sein.

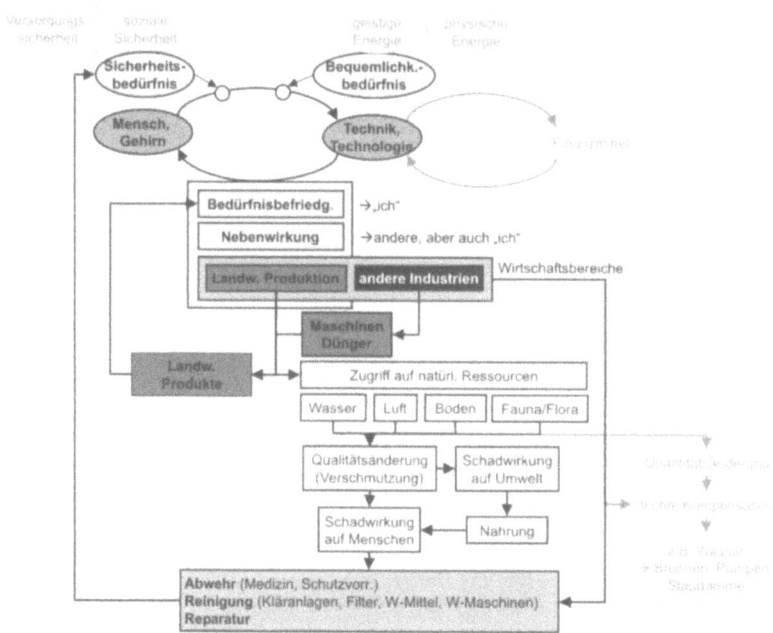

Abb. 10: Ausschnittsweiser Wirkungsgraph für die Landwirtschaft

. Qualitätsänderung bedeutet in fast allen Fällen Verschlechterung, das heißt, die Ressource wird in irgendeiner Form verschmutzt. Eindrucksvolle Beispiele zu Veränderungen von Qualität und Quantität sind in J. McNeill (2000) angeführt. Die Qualitätsänderung schädigt den Menschen entweder direkt oder indirekt über die Schädigung der Umwelt und der Nahrung. Um sich der Schädigung zu erwehren, bedient sich der ihr Ausgesetzte, der seine Sicherheit gefährdet sieht, oft technologischer Maßnahmen zur Abwehr, Reinigung oder Reparatur der Schäden. Der dritte Kreislauf schließt sich hiermit.

Die Entwicklungsprinzipien für die Landwirtschaft werden nun auf das Dreieck „landwirtschaftliche Produktion – Maschinen und Dünger – landwirtschaftliche Produkte" angewendet.

Gemäß Gleichung 1 werden die Inputparameter für Verbrauch und spezifischen Aufwand zur Wirkungsabschätzung im Bereich der Düngeranwendung und der Düngerproduktion bestimmt.

Verbrauch (y_1)

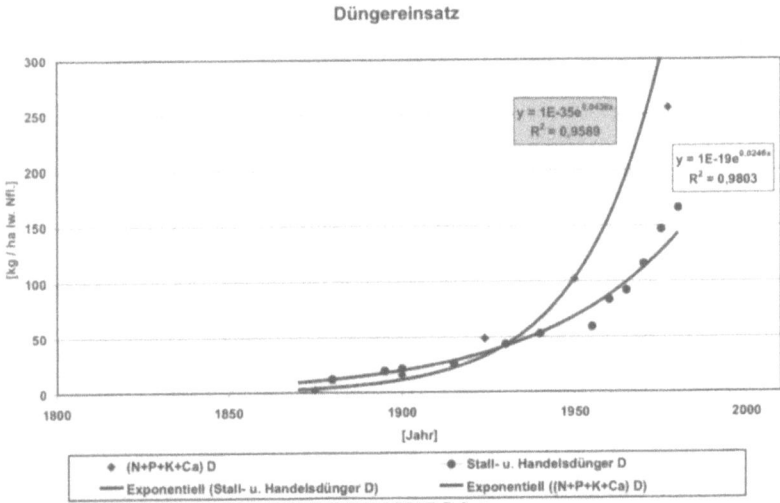

Abb. 11: Spezifischer Einsatz von Dünger in kg pro ha landwirtschaftlicher Nutzfläche, aus (Osteroth D. 1985, Herrmann K. 1985, Nentwig W. 1995)

Empirische Zusammenhänge und Befunde 127

Abb. 11 zeigt den Düngereinsatz pro Hektar landwirtschaftlicher Nutzfläche für die Bundesrepublik Deutschland. Eine exponentiell ansteigende Zeitreihe ist sichtbar.

Spezifischer Aufwand (y_2)

Die Zeitreihe in Abb. 12 zeigt den Energieaufwand in Megajoule zur Produktion einer Tonne Ammoniak, dem elementaren Grundprodukt für stickstoffhaltigen Dünger. Eine exponentiell fallende Entwicklung ist sichtbar.

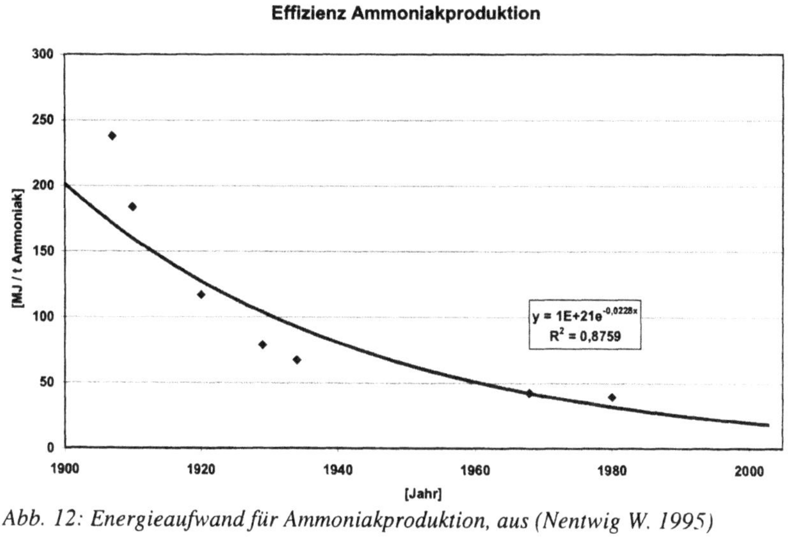

Effizienz Ammoniakproduktion

$y = 1E+21e^{-0,0228x}$
$R^2 = 0,8759$

Abb. 12: Energieaufwand für Ammoniakproduktion, aus (Nentwig W. 1995)

Beide Kurven sind e-Potenzen. Es liegt somit das Schema c vor, das nun auf die beiden Inputfunktionen angewendet wird. Abb. 13 zeigt das Schema c für das Beispiel Landwirtschaft. Die graue Linie ist die Verbrauchsfunktion y_1 (t / ha landwirtschaftliche Nutzfläche), die strichlierte Linie ist die Funktion des spezifischen Aufwands y_2 (GJ / t Ammoniak), die dicke schwarze Linie die Wirkungsfunktion (w). Die Wirkung (w) ist Energieintensität pro Flächeneinheit durch Düngerzuführung. Zu beachten ist dabei, dass hier drei Maßstäbe für die Ordinate ausgewiesen sind: 1 GJ/t = 20 t/ha = 200 GJ/ha. Das Schema extrapoliert die Entwicklungen bis zum Jahr 2050. Es ist gut ersichtlich, dass bei der Beibehaltung der Verbrauchsentwicklung die Effizienz-Verbesserung nicht im Stande ist, ein weiteres Ansteigen der Energieintensität zu bremsen oder gar umzukehren. W steigt exponentiell an.

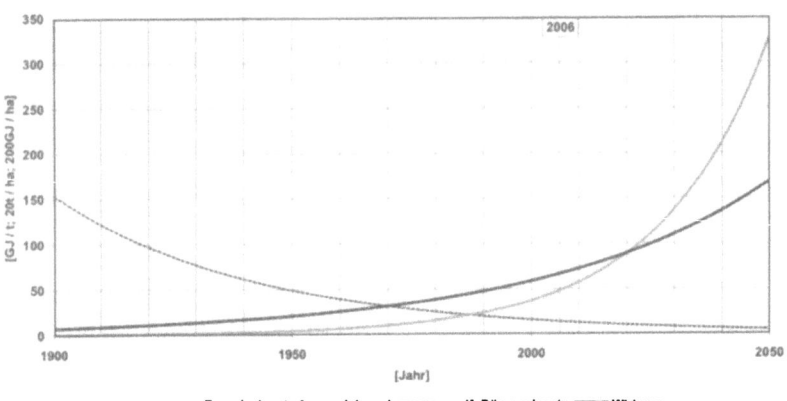

Abb. 13: *Schema c für Beispiel Landwirtschaft*

Dass ein Ansteigen der Energieintensität nicht dem Prinzip nachhaltiger Ressourcenbewirtschaftung entspricht, wird in einer weiteren Dimension anhand der folgenden vier Darstellungen argumentiert.

Abb. 14 zeigt die aus F. Krausmann (2001) übernommenen und korrelierten Werte für die gesamten Erträge der österreichischen Landwirtschaft (in Megajoule) und das gesamte Leistungspotential der Landwirtschaft (in Megawatt). Unter dem gesamten Leistungspotential ist jenes von menschlicher, tierischer und maschineller Arbeitskraft zusammengefasst, weil am Anfang des betrachteten Zeitintervalls die Menschen und Tiere einen viel bedeutenderen Anteil hatten, als dies heute der Fall ist – nämlich nahezu null. In die Punkte lässt sich hervorragend ($R^2 = 0,89$) eine logarithmische Trendfunktion legen. Illustriert ist auch, dass am unteren Ende der x-Achse, ein Intervall Δx ein größeres Δy produziert, als dies bei höherem x der Fall ist. Mit zunehmendem maschinellem Leistungspotential nimmt der zusätzliche landwirtschaftliche Ertrag ab.

Empirische Zusammenhänge und Befunde 129

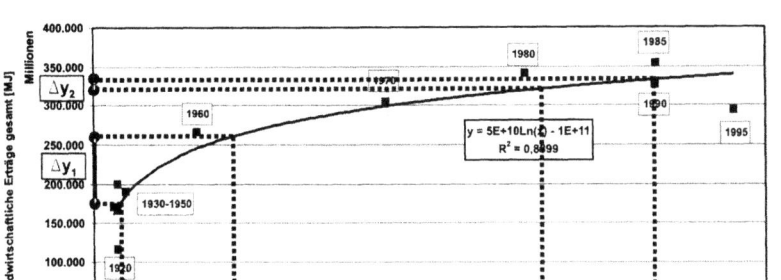

Abb. 14: Korrelation Erträge über Leistungspotential Landwirtschaft, nach (Krausmann F. 2001)

In Abb. 15 ist das Delta der landwirtschaftlichen Erträge über dem Leistungspotential aufgetragen und zeigt eindeutig, wie stark mit zunehmender Maschinisierung der Grenzertrag abnimmt.

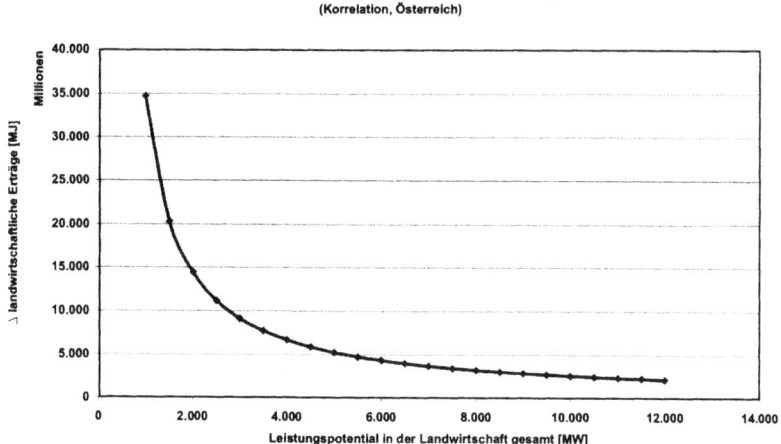

Abb. 15: Delta landwirtschaftliche Erträge über Leistungspotential, modifiziert nach (Krausmann F. 2001)

Der zweite Indikator ist die Bruttobodenproduktion (in Tonnen Getreideeinheiten pro Hektar) über dem Stickstoffeintrag (in kg pro Hektar landwirtschaftlicher Nutzfläche). Auch hier zeigt sich eindeutig ($R^2 = 0,98$) ein logarithmischer Zusammenhang. Das heißt, auch hier nimmt mit zusätzlichem Stickstoffeintrag die Bodenproduktion ab, die dem Ertrag entspricht.

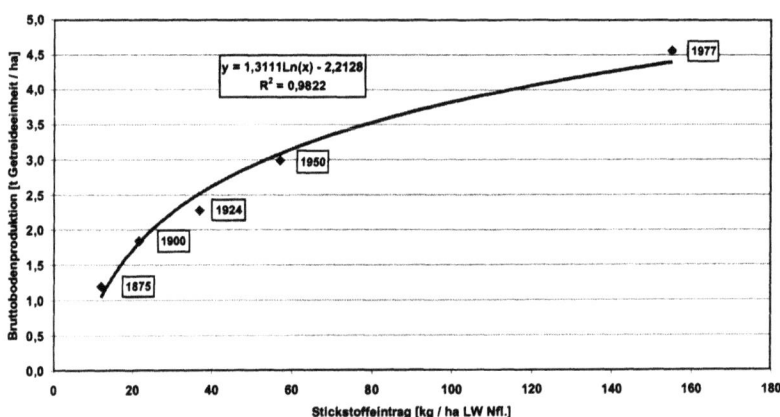

Abb. 16: *Korrelation Bruttobodenproduktion über Stickstoffeintrag, nach (Nentwig W. 1995, Osteroth D. 1985)*

Das Leistungspotential der Traktoren (aus Krausmann F. 2001) wurde, unter Annahme einer Betriebszeit von sechs Stunden pro Tag und hundert Tagen pro Jahr, in den jährlichen Energieverbrauch umgerechnet, um den auf energetischer Basis fußenden Wirkungsgrad abschätzen zu können. Hier ist noch viel deutlicher erkennbar, wie wenig zusätzlicher Ertrag durch zusätzlichen Energieaufwand für Maschinen erlangt wird.

Empirische Zusammenhänge und Befunde 131

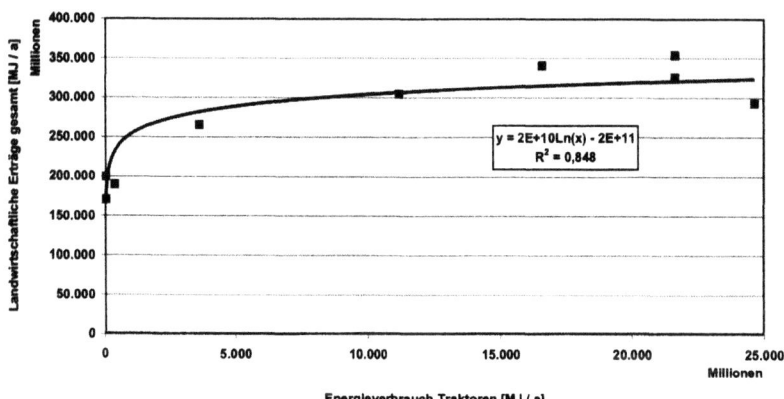

Abb. 17: *Energieverbrauch Traktoren und landw. Erträge, modif. nach Abb. 14*

Beispiel Stahl

Zusätzlich zur Illustration im Bereich Landwirtschaft soll hier noch kurz das Beispiel der Stahlerzeugung und des Stahlverbrauches der USA gebracht werden. Abb. 17 zeigt die Entwicklung des Stahlverbrauches der USA (Verbrauch y_1, graue Linie, exponentiell steigend) und des Energieaufwandes zur Herstellung einer Tonne Stahl (spezifischer Aufwand y_2, strichlierte, dünne Linie, exponentiell fallend). Es ergibt sich daraus die Anwendung des Schemas c.

Die Wirkung w (dicke, schwarze Linie) steigt bei der Extrapolation bis zum Jahr 2050, durch den als unverändert exponentiell angenommenen Verlauf des Stahlverbrauches angetrieben, exponentiell an, ohne dass die Verbesserung der Effizienz der Herstellungstechnologie diese zu bremsen oder gar umzukehren vermag.

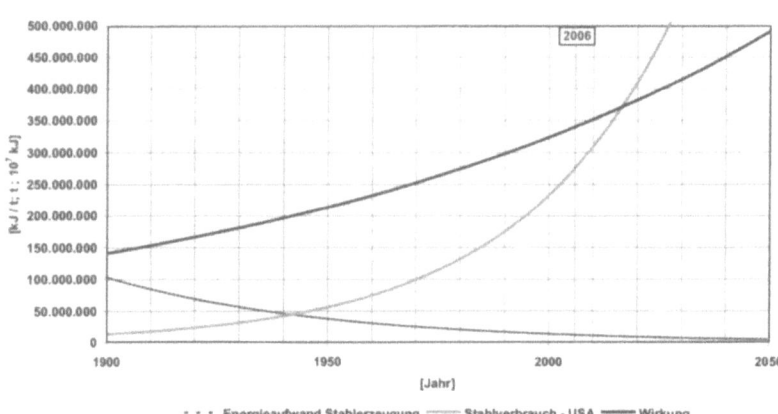

Abb. 18: Schema c für Stahlerzeugung und Stahlverbrauch

Conclusio

Aus den in den vorigen Kapiteln dargestellten Beobachtungen und Analysen können nun folgende Schlüsse gezogen werden:
- Bei den einzelnen Technologien konnten im Verlauf ihrer Entwicklungsgeschichten teilweise dramatische Verbesserungen der Effizienz im Energie- und Ressourceneinsatz festgestellt werden.
- Die absoluten Verbräuche von Energie und Stoffen steigen an, in den meisten Fällen nicht nur linear, sondern exponentiell. Ähnlich sieht es bei den spezifischen Verbräuchen aus. Vereinzelte Ausnahmen bilden nur die mehr oder weniger konstanten Funktionsverläufe.
- Aus den Beispielen der Landwirtschaft und der Stahlproduktion sowie aus der spezifischen Energieverbrauchsentwicklung der Welt ergibt sich, dass die Systemeffizienz nicht zunimmt, sondern abnimmt.
- Die oftmalig geäußerte Behauptung, die negativen Wirkungen von Technologien würden nicht durch Steuerung des zunehmenden Verbrauches erreicht – was in den meisten Fällen eine Einschränkung des Wachstums bedeuten würde –, sondern durch dramatische Verbes-

Empirische Zusammenhänge und Befunde

serungen der Technologie, konnte an den beiden Beispielen widerlegt werden.
- Die noch auszubauenden und zu verfeinernden Schemata a bis c bieten eine Möglichkeit der Abschätzung, ob und wie entsprechende Kombinationen von Verbrauch und Technologieentwicklung im groben Überblick in Zukunft gesteuert werden können.

Literatur

Bertaux, P. (1963): Mutation der Menschheit – Zukunft und Lebenssinn. Scherz Verlag, München.

Buchheim, G. und Sonnemann, R. (Hrsg.) (1990): Geschichte der Technikwissenschaften. Birkhäuser, Basel.

Cipolla, C. M. (1972): Wirtschaftsgeschichte und Weltbevölkerung. dtv, München.

Chaisson, M. (2001): Cosmic evolution – The rise of complexity in nature. Harvard University Press, Cambridge, Mass.

Cohen, J. E. (1995): How many people can the earth support? W.W. Norton & Co., New York.

de Vries, B. J. M. (2004): Sustainability in a changing world. RIVM – Netherlands Environmental Assessment Agency, Bilthoven (NL).

DESTATIS (2003): Statistisches Jahrbuch 2003 – Für die Bundesrepublik Deutschland. Statistisches Bundesamt, Wiesbaden.

Gööck, R. (1991): Die großen Erfindungen – Bergbau, Kohle, Erdöl. Sigloch Edition, Künzelsau.

Herrmann, K. (1985): Pflügen, Säen, Ernten – Landarbeit und Landtechnik in der Geschichte. RoRoRo, Deutsches Museum, Reinbek.

Klemm, F. (1983): Geschichte der Technik – Der Mensch und seine Erfindungen im Bereich des Abendlandes. RoRoRo, Deutsches Museum, Reinbek.

Krausmann, F. (2001): Eine empirische Untersuchung der Entwicklung des gesellschaftlichen Energiesystems im Zusammenhang mit Landnutzung und anthropogenen Eingriffen in den Energiefluss von Ökosystemen (NPP-Aneignung) in Österreich 1830-1995. Dissertation Universität Wien, Wien.

McNeill, J. R. (2000): Blue Planet – Die Geschichte der Umwelt im 20. Jahrhundert. Campus, Frankfurt.

Nentwig, W. (1995): Humanökologie – Fakten, Argumente, Ausblicke. Springer, Berlin.

Osteroth, D. (1985): Soda, Teer und Schwefelsäure – Der Weg zur Großchemie. RoRoRo, Deutsches Museum, Reinbek.

Paturi, F. (1988): Chronik der Technik. Chronik Verlag, Dortmund.

Paulinyi, A. und Troizsch, U. (1997): Mechanisierung und Maschinisierung – 1600 bis 1840. Propyläen, Berlin.

Varchmin, J. und Radkau, J. (1984): Kraft, Energie und Arbeit – Energie und Gesellschaft. RoRoRo, Deutsches Museum, Reinbek.

Technologiebedingte Ursachen des Wachstums
Eine evolutionstheoretische Betrachtung

Hermann Knoflacher

Was wir unter Technologie verstehen, ist das Ergebnis der Erfindungen erfolgreicher Erfinder. Das Spektrum der erfolgreichen Erfinder reicht von Handwerkern bis zu den Theoretikern.

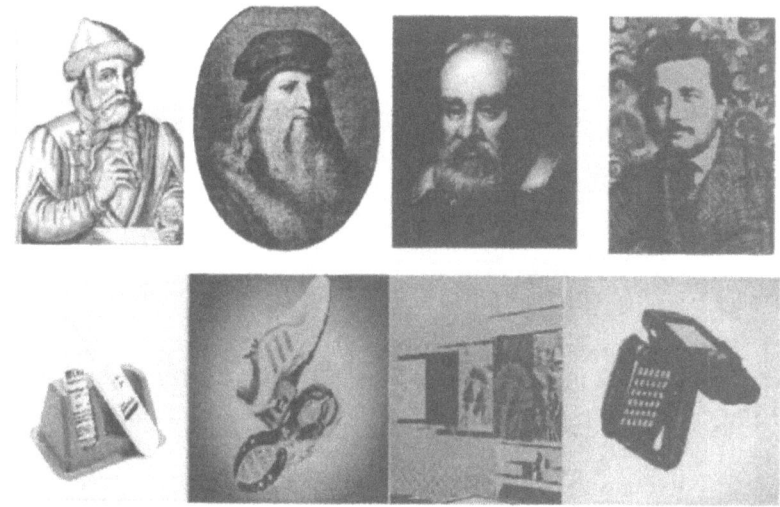

Abb. 1 Erfinder und Erfindungen (2006).

Zu den Handwerkern zählt Gutenberg mit seiner Buchdruckkunst ebenso wie Leonardo da Vinci, der – aus handwerklicher Perspektive – zahlreiche Erfindungen auch der Neuzeit gedanklich vorweg genommen hat. Zur Gruppe der Denker, Analytiker und Forscher ist Galilei zu zählen, aber auch Einstein. Diese Erfinder haben mit ihren Theorien und Beschreibungen bestimmter Gesetzmäßigkeiten Voraussetzungen geschaffen, die spätere Erfindungen möglich gemacht und/oder erleichtert haben. Unter den Produkten, die im Jahr 2006 zu den „Erfindungen des Jahres" gezählt wurden, finden sich ein HIV-Testgerät, besondere Laufschuhe, eine optimale Farbwiedergabe für Fernsehgeräte sowie eine wartungsfreie Batterie für das Handy. Zwei der Erfindungen beschäftigen sich mit Fragen der Energie, eine mit Risikoerkennung und eine mit virtueller Realität als Ergebnis technisch-optischer Aufarbeitung.

Erfindungen sind das Produkt des menschlichen Großhirns. Wollen wir Technologie verstehen, müssen wir versuchen, die Mechanismen des Großhirns zu verstehen. Zunächst bildet sich der Mensch auf der Oberfläche der Großhirnrinde in einer etwas ungewöhnlichen Form ab: mit riesigen Händen, übergroßen Ohren, einem großen Mund. Diese Organe haben sich in den letzten 100 Millionen Jahren entwickelt, wobei das Großhirn selbst zum Gewinner dieser Entwicklung gehört.

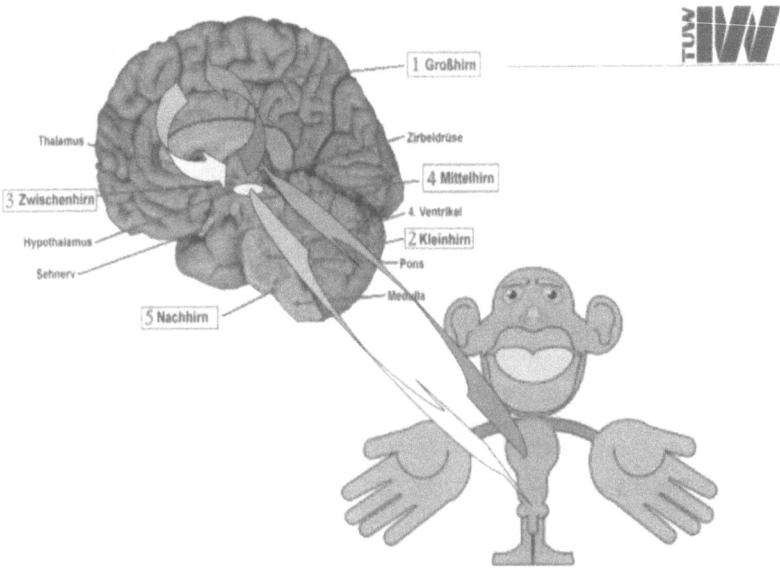

Abb. 2 Das menschliche Hirn und das Abbild des Menschen auf seiner Oberfläche.

Im Großhirn des Menschen konzentrieren sich die Körpernerven in einem Ausmaß wie bei keinem anderen Lebewesen. Analysieren wir die Entwicklung des Großhirns. Die Zeitreihe, beginnend mit dem Auftreten der Fische über die Reptilien, Vögel, Säuger bis hin zum Menschen, zeigt eine exponentielle Zunahme der Konzentration der Nerven im Hirn. Die

Eine evolutionstheoretische Betrachtung

Funktion über dieser Zeitreihe zeigt, dass das menschliche Großhirn um rund 60 Millionen Jahre früher entstanden ist, als die optimale Anpassungskurve der Exponentialverteilung erwarten ließe. Lassen wir die Zeitreihe hingegen erst mit den landlebenden Tieren beginnen und betrachten die Entwicklung des Großhirns von den Reptilien bis zum Menschen, dann passt der Mensch mit seinem Hirn gut in die Zeitreihe. Der Übergang auf das Land muss offensichtlich die Randbedingungen für die Entwicklung zum Großhirn gefördert haben.

Die zentrale Schaltstelle

Zu den ältesten Teilen des Hirns und damit des Menschen gehört der Hypotalamus. Er steuert alle grundlegenden Lebensfunktionen. Er ist offensichtlich die zentrale Verrechnungsstelle für den Energiehaushalt und steht mit den wesentlichen Organen und Zellen in permanenter Verbindung,

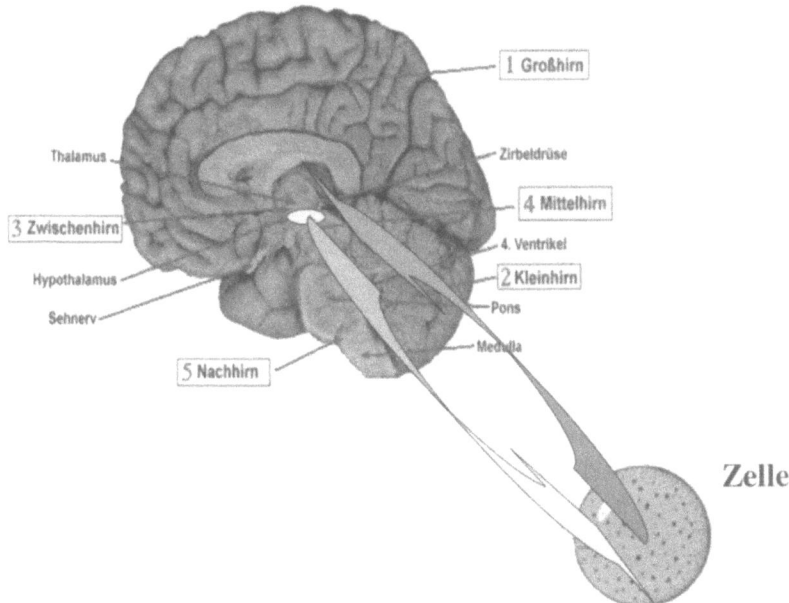

Abb. 3 Informationen zwischen Hirn und Körperzellen.

wobei die Lipide eine wichtige Funktion erfüllen. Der Dialog zwischen Hypotalamus und Körperzellen dürfte auf der Ebene chemischer Verbindungen und Substanzen stattfinden.

Man kann sich nun technische Entwicklungen so vorstellen, dass das Großhirn eine Lösung für ein anstehendes Problem entwirft und beim Hypotalamus nachfragt, ob es die zur Realisierung dieser Idee notwendige Energie erhalten kann.

Ist genügend Energie vorhanden, dann darf das Großhirn seine Idee verwirklichen und kann Befehle direkt an die Organe weitergeben, damit sie diese Idee realisieren.

Dialog mit der Zelle

Der Hypotalamus steht mit den Zellen in Dialog. Auf diese Wechselbeziehungen zwischen Zellen müssen wir unsere Überlegungen zurückführen. Wo und wann haben Zellen diesen Dialog miteinander gelernt? Es muss bei der Bildung der ersten Zelle passiert sein, als diese aus der „Ursuppe", einem energiereichen Gemisch, entstand.

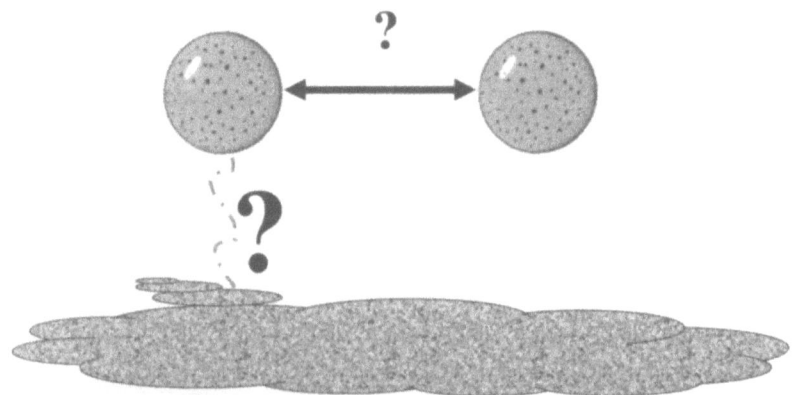

Abb. 4 Der „Dialog" zwischen Zellen muss auf deren Entstehung zurückgeführt werden, als sie aus der „Ursuppe" entstanden sind.

Damals muss es gelungen sein, Energie in einer Struktur so zu binden, dass sie nicht gleich wieder durch Entropie verloren ging. Es muss also eine Struktur entstanden sein. Dies setzt aber voraus, dass gleichzeitig auch Information aufgebaut wurde, denn Struktur bedeutet ja nichts anderes als Information. Information und Energie müssen daher in Wechselbeziehung entstanden sein, und das bereits in den Urbestandteilen der Materie. Erstaunlicherweise weisen sämtliche Elementarteilchen, gleichgültig welche Lebensdauer sie auch haben, das auf, was Physiker als Dualismus bezeichnen. Dualismus bedeutet, dass Elementarteilchen als Teilchen und als Welle erscheinen, je nachdem, wie man die Experimente anordnet. Max Planck ist es gelungen, aus dem Spektrum der Strahlungsdichte eines schwarzen Körpers in Abhängigkeit von der Wellenlänge abzuleiten, dass Energie in Portionen der Menge $h \cdot f$ ausgesandt wird, wobei h das so genannte Planck'sche Wirkungsquantum darstellt ($h = 6{,}6 \cdot 10^{-34} Js$) und f die Frequenz ist. Energie tritt daher in Portionen dieser Einheit auf und Information offensichtlich auch. Wenn daher Leben (als vita v) entstanden ist, dann ist es sowohl aus Energie entstanden als auch gleichzeitig durch Rückkopplung aus Information. Einem Teilbereich (J) ist es gelungen, zusätzliche Energie (ΔE) zu halten und gleichzeitig Ordnung aus der Unordnung aufzubauen, die dort gleichzeitig reduziert wurde (und durch $\frac{\Delta u}{u}$ abgebildet werden kann). Wenn dies entsprechend häufig möglich ist, kann man diese Beziehung integrieren und kommt damit zu der bekannten Entropieformel $E = \ln u$. E steht auch in direkter Wechselbeziehung zu $-\ln u$. Entropie und das Maß der Ordnung sind aneinander gebunden, da es nicht möglich ist, Energie zu erhalten, ohne über eine entsprechende Struktur, also ein Informationssystem in der Umwelt und über die Umwelt zu verfügen.

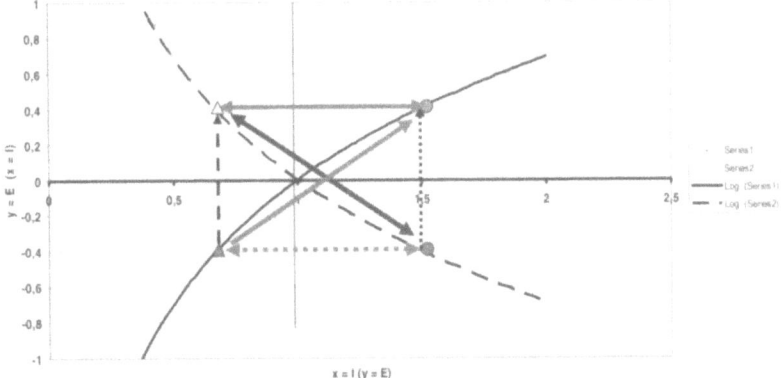

Abb. 5 Energie und Information treten in Wechselbeziehung gleichzeitig auf.

Diese beiden Funktionen schneiden die x-Achse im Punkt 1 und bilden Energie und Information spiegelbildlich ab. Um Strukturen zu halten, müssten sie sich auf gleichem Niveau einpendeln. Bezeichnet man den oberen Bereich als Ordnung, dann stellt der untere Unordnung dar. Der Bereich rechts von 1 charakterisiert das Verhältnis „außen", den Bereich links von 1 kann man als „innen" bezeichnen. Die logarithmische Funktion tendiert am langsamsten gegen unendlich und hat außerdem eine Reihenentwicklung, die einem optimalen Lernprozess von Trial and Error entspricht. Lange vor den Physikern – wobei De Broglie erst 1924 den Welle-Teilchen-Dualismus entdeckte – hat die Evolution diesen Dualismus erfolgreich genützt und ist beide Wege gegangen. In der ersten Phase verlief die Entwicklung vermutlich gleichzeitig und spaltete sich dann in zwei Hauptrichtungen auf. Einerseits in eine Richtung mit Energiebindung über die Photosynthese wie wir sie bei Pflanzen in Kooperation mit Lebewesen

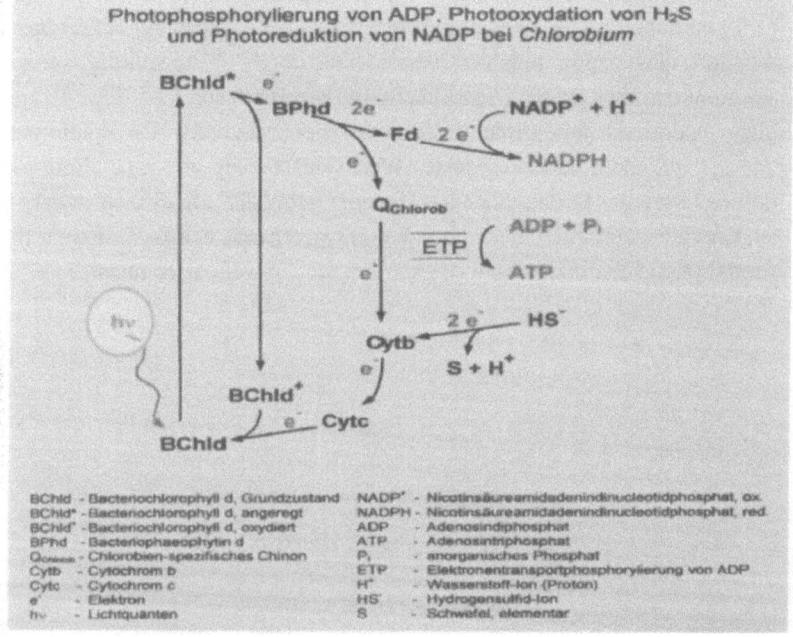

Abb. 6 „Hochtechnologie" schon bei den ältesten Organismen als Ergebnis von Jahrmillionen Vorgeschichte.

wie den Bakterien – offensichtlich aus der Anfangszeit ihrer Entstehung – antreffen und andererseits über die Entwicklung vom Augenfleck zum Auge. Hier wird das Sonnenlicht nicht zum Aufbau von Biomasse verwendet, sondern als Informationsquelle zum Aufspüren von nutzbarer Energie, weil man sie nicht unmittelbar binden kann. In den späteren Phasen der Evolution bezeichnen wir dies als Beute. Einzeller, die für sie passende Ionenkonzentrationen in ihrer Umgebungsflüssigkeit suchen, verwenden zusätzlich chemische Rezeptoren.

Die Evolution hat allerdings schon vor vielen hundert Millionen Jahren, vermutlich bereits zu Beginn des Lebens vor etwa vier Milliarden Jahren, außerordentlich komplexe Technologien entwickelt, die ausschließlich dazu dienen, Energie aus der Umgebung zu sammeln und diese Energie zu erhalten.

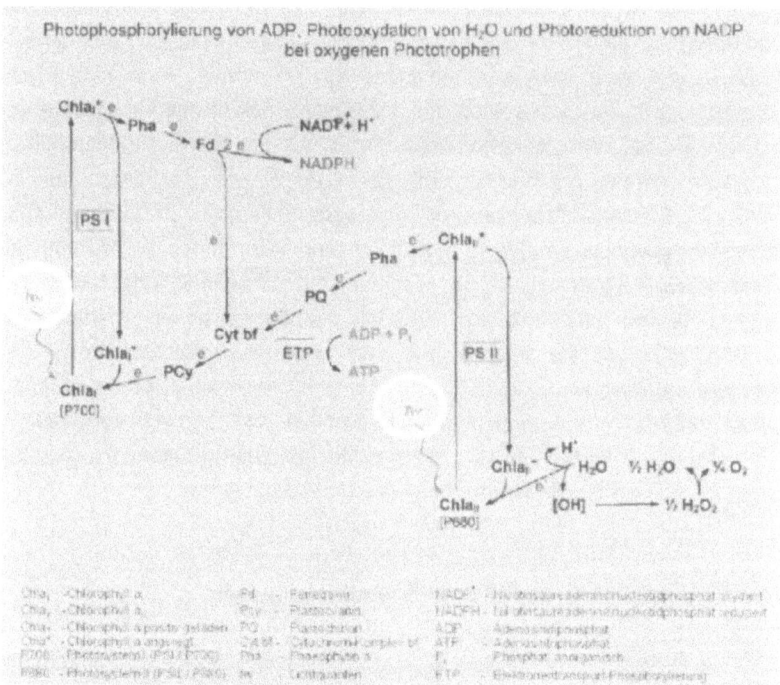

Abb. 7 Der stufenweise Aufbau der „Energiebindung" zeigt die Technologie der Energiekaskaden in lebenden Systemen.

Auf diese frühe Phase, bei der ein Lichtquant den Prozess antreibt, weist die anoxygene Photosynthese hin. Sie unterscheidet sich von der oxygenen Photosynthese, die bereits zwei Lichtquanten benötigt, durch einen stufenweisen Aufbau: zunächst wird versucht, Energie zu gewinnen und Strukturen zu schaffen. Diese Strukturen bleiben erhalten und tragen durch zusätzlichen Gewinn weiterer Energie zur nächsten Stufe der Entwicklung bei.

Bis heute ist es nicht gelungen, diese komplexen Strukturen der Photosynthese industriell nachzubauen. Es gibt keinen synthetisch hergestellten lebenden Organismus mit diesen Fähigkeiten.

Die Weltsicht der Wissenschaften

„Das Leben ist ein erkenntnisgewinnender Prozess", sagt Konrad Lorenz und damit nur die Hälfte. Denn das Leben ist auch ein energiegewinnender Prozess, und zwar in Abstimmung mit der Erkenntnis. Peter Kotauczek hingegen stellt die Behauptung auf, Information sei in der Schöpfung vor der Energie da gewesen – also strukturiertes Wissen. Vermutlich handelt es sich aber um eine Gleichzeitigkeit, die in der Physik erst heute entdeckt wird, eine Eigenschaft bestimmter Elementarteilchen, die als Geburtshelfer zu wirken scheinen. Die Physik kennt Entropie in Form des Logarithmus in geschlossenen Systemen, als das Maß zunehmender Unordnung. Leben als offenes System baut Ordnung auf oder versucht diese zu erhalten. Als Ordnungsmaß gilt die Negentropie, die (inverse) Zwillingsschwester der Entropie im lebenden System. Goethe als Naturwissenschaftler hat erkannt, „Wär nicht das Auge sonnenhaft, wie könnten wir das Licht erblicken." (Einleitung zur Farbenlehre). „Wäre nicht das Blatt sonnenhaft, es gäbe keine Biomasse" ist die zweite Seite der Entwicklung.

Der Logarithmus in den oberen Evolutionsschichten

Was wir oben aus den Überlegungen zur Entstehung des Lebens abgeleitet haben, findet sich auch in den komplexen Systemen der jüngsten Evolution: dem Menschen, seinen technischen Produkten und seiner Reaktion darauf. Im 19. Jahrhundert entdeckten Weber/Fechner aus der Beobachtung menschlicher Wahrnehmung physiologischer Außenreize das so genannte Weber/Fechnersche Empfindungsgesetz mit der Gesetzmäßigkeit: Empfindung = Logarithmus (Intensität der Reizung). Licht und Schallwellen werden vom Menschen sinnlich nicht proportional zu ihren physikalischen Größen, sondern mit zunehmender Größe logarithmisch wahrgenommen. Gossen entdeckte im 19. Jahrhundert das Gesetz des abnehmenden Grenznutzens in der Ökonomie und vermutete, ein fundamentales Gesetz gefunden zu haben. Seine Zeitgenossen nahmen ihm dies nicht ab – wir sehen, dass seine Vermutung richtig war. Ende des 19. Jahrhunderts beobachtete Lill beim Fahrkartenverkauf eine interessante Gesetzmäßigkeit: Die Häufigkeit der Eisenbahnfahrten mal ihrer Länge ist eine Konstante, und dieses Verhaltensgesetz lässt sich wieder auf den Logarithmus, wie es H. Knoflacher 1995 nachgewiesen hat, zurückführen. Die Eigenschaft des Logarithmus durchzieht alle Strukturen, vom Einzeller bis zum Menschen als komplexem Vielzeller – eine erfolgreiche Strategie der Evolution und ihrer „evolutionären Technologieentwicklung".

Die Kehrseite der Medaille

Der Logarithmus hat eine inverse Funktion: die e-Potenz. Diese taucht auch in zwei Formen auf, mit positivem und negativem Exponenten. Die e-Potenz mit positivem Exponenten beschreibt Prozesse mit positiver Rückkopplung und Aufschaukelung und hat die Eigenschaft – zum Unterschied vom Logarithmus, der von allen Potenzfunktionen am langsamsten gegen unendlich geht – am schnellsten gegen unendlich zu tendieren. In der Natur wird daher jede positive e-Potenz durch eine oder mehrere stärkere negative e-Potenzen kontrolliert, um Systeme stabil zu erhalten. Die bekannteste Form positiver Rückkopplung ist die nukleare Kettenreaktion in einer Atombombe oder der Super-GAU in einem Kraftwerk. Diese Kettenreaktion tritt überall dort auf, wo energetisch eine positive Rückkopplung entsteht, wird aber mit negativen e-Potenzen erfolgreich unter Kontrolle gehalten. Auch dem Menschen ist es gelungen, das Herdfeuer zu zähmen, der positiven e-Potenz des um sich greifenden Feuers hat er durch den Brennraum im Ofen oder die Feuergrube ein so genanntes Containment gegenübergestellt, das ausreichend bemessen wird, um unkontrollierte Energiefreisetzung zu verhindern. Diesem Umstand verdankt der Großteil der heutigen technologischen Artefakte sein Leben. Aus dem Verhältnis von inneren Wünschen zu äußerem Aufwand, der exponentiell steigt, hat der Mensch gelernt, seine Umgebung verantwortungsvoll, zunächst kurzfristig und später längerfristig, in seinem Interesse zu nutzen und hat damit seine Lebenschancen erweitert. Voraussetzung dafür war und ist die Rückkopplung, also die sinnliche Wahrnehmung von Aktion und Reaktion und damit die Möglichkeit der Verrechnung von Erwartung mit Erfahrung.

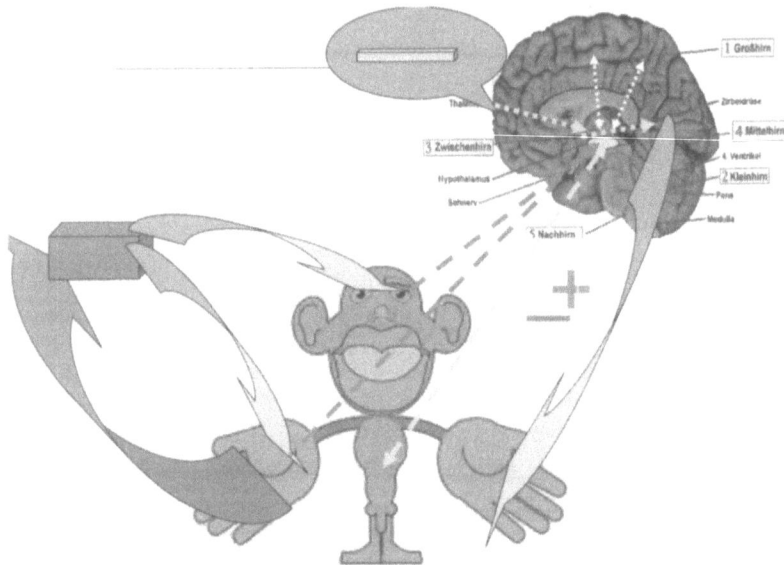

Abb. 8 Kontrollierte Technologie als Ergebnis permanenter, sinnlicher, unmittelbarer Rückkopplung.

Zeigt die Erfahrung, dass mehr Energie benötigt wird als erwartet wurde, kommt es zu einer negativen Rückkopplung und damit zu einer Änderung der Erwartungshaltung und umgekehrt. In die Rückkopplung des Menschen ist aber der Hypotalamus nicht direkt eingeschaltet. Gibt der Hypotalamus dem Großhirn das O.K., dann steuert das Großhirn unmittelbar die Organe, um seine Vorstellungen in die Praxis umzusetzen. So mag es schon beim ersten Grabstock gewesen sein, den man aufgrund der Erfahrungen zur Lösung bestimmter Probleme konzipierte, um sich körperlichen Aufwand zu sparen. Der erste Versuch mag nicht erfolgreich gewesen

Eine evolutionstheoretische Betrachtung

sein, weil der Stock nicht den Vorstellungen entsprach, sodass man die Erwartungshaltung reduzierte, wobei Arme, Augen, Tastsinn und Körperaufwand in permanenter Wechselbeziehung zueinander stehen. Das Großhirn macht es den Menschen möglich, die Sinne optimal miteinander zu vernetzen und zu koordinieren, was etwa bei Schlangen noch nicht der Fall ist. Damit beginnt ein Optimierungsprozess, an dessen Ende seinerzeit der „optimale Grabstock" entstanden sein mag.

Einfache Technologien, die man mit Händen, Augen und Ohren noch „begreifen" und wahrnehmen kann, werden daher zunächst subjektiv kontrolliert, später durch Gruppen und die Gesellschaft. Im Laufe der Zeit führt die Kontrolle zur Entwicklung von Ethik und Moral im Umgang mit komplexeren Systemen wie etwa den Lebensgrundlagen. Diesen Vorgang kann man bei allen unseren Vorfahren in verschiedener Form bis in die jüngere Zeit und bei Urvölkern bis heute beobachten. Hingegen ist die Rückkopplung nicht mehr unmittelbar nachvollziehbar, wenn der Mensch eine Maschine bedient, die einen Prozess auslöst, der ein Produkt hervorbringt, das ein bestimmtes Bedürfnis erfüllen soll.

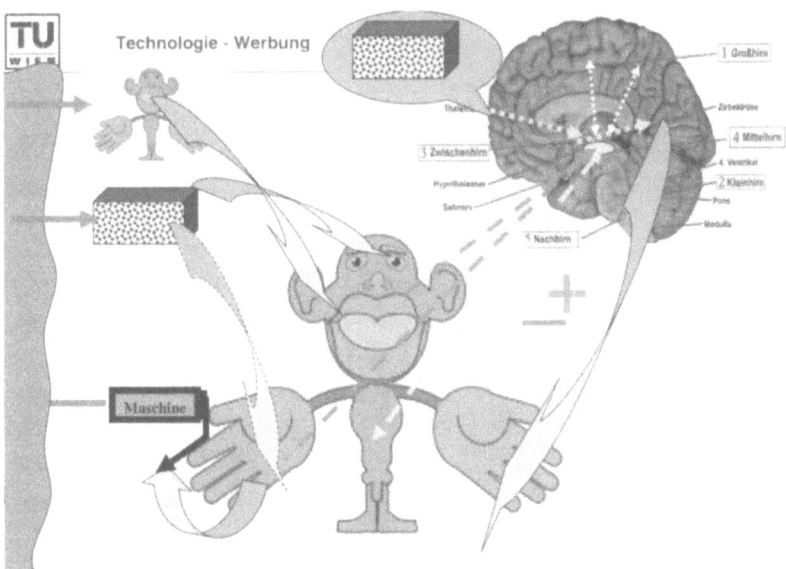

Abb. 9 Unkontrollierte Technologie durch Entkoppelung von der direkten sinnlichen Wahrnehmung – Voraussetzung zu unethischem Verhalten.

Der Zusammenhang zwischen Handlung und Produkt ist den menschlichen Sinnen unmittelbar entzogen und läuft in einem industriell technischen Komplex ab, der vom Menschen dann positiv registriert wird, wenn er der Erfüllung seiner Wünsche und der Einsparung von Körperenergie dient. Gelingt es, die energetische Beziehung zur Herstellung des Produktes vom eigenen Energieaufwand zu entkoppeln, kommt es zur positiven Rückkopplung und damit zum exponentiellen Wachstum einer solchen Technologie. Seit die Menschheit ohne adäquaten Aufwand in großem Ausmaß externe Energie einsetzen kann, ist dies der Fall.

Überschätzung – die Folge von Technologien

Wenn der Mensch durch technische Einrichtungen über ein Maß an Energie verfügt, das er geistig nicht kontrollieren kann, kommt es zu einer gefährlichen Verschiebung des lebenserhaltenden Prozesses. Es entsteht Überschätzung, die sich durch eine Verschiebung des Logarithmus nach oben bemerkbar macht. Der Nullpunkt wird nach links verschoben. Der Mensch, der in allen Bereichen, die kleiner als 1 sind, ein erhebliches Maß

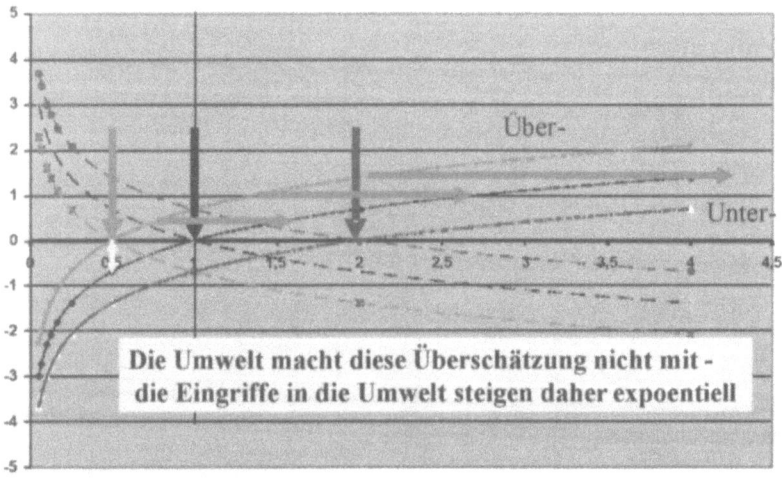

Abb. 10 Verschiebung der „Normalität" durch billig und leicht verfügbare externe Energie.

an Wissen und Struktur aufgebaut haben muss, um in der Außenwelt bestehen zu können, braucht dies nicht mehr, wenn dies durch ausreichende externe technische Leistungen erbracht wird und die dazu erforderliche Energiemenge billig zur Verfügung steht. Sobald aber die zusätzlichen äußeren Energieflüsse fehlen, ist das menschliche Leben bedroht.

Der Mensch hat verlernt, mit der Umgebung harmonisch auszukommen, er agiert im Umgang mit ihr unvorsichtig und kann geistig mit den Eingriffen nicht Schritt halten, die seine Technik mit Hilfe äußerer Energie verursacht. Andererseits kommt er sich außerordentlich erfolgreich vor, weil er bereits dort, wo der technisch nicht ausgerüstete Mensch früher erst begonnen hat, in die Natur einzugreifen, schon über ein relativ großes äußeres Eingriffspotential verfügt, das allerdings nicht von einem entsprechenden Ausmaß inneren Wissens begleitet wird. Er entdeckt daher unter diesen Rahmenbedingungen zu spät, welche Folgewirkungen seine Eingriffe haben – was vermutlich immer schon der Fall war, bis man gelernt hat, mit dem zusätzlichen Potential an gewonnener Energie verantwortlich umzugehen. Dass menschliche Gesellschaften dieses Risiko auch kollektiv übersehen können, beweisen sowohl das Beispiel der Osterinseln wie auch eine Reihe von Kulturen in Lateinamerika, die das verfügbare Potential über die Grenzen der Nachhaltigkeit hinaus genutzt haben. Unsere Gesellschaft setzt sich heute in weltweitem Stil über die Grenzen der Nachhaltigkeit hinweg.

Anders verhält sich hingegen ein Mensch, der etwa doppelt so vorsichtig ist. Zum Unterschied vom „natürlichen Menschen" wird er zuerst versuchen Wissen aufzubauen, um sämtliche Folgewirkungen seines Handelns auf das komplexe System, in dem er sich befindet, soweit es ihm möglich ist abzuschätzen und wird erst anschließend in die Umwelt eingreifen.

Raffinierte Verschleierung

In der jüngeren Evolution brachten bestimmte Gruppen das Geld in Umlauf und lösten damit den seinerzeitigen Naturalientauschhandel ab. Geld ist ein Beispiel dafür, wie erfolgreich es Menschen gelungen ist, Energie, vor allem jene anderer Menschen, für eigene Zwecke nutzbar zu machen. Je abstrakter Geld wird, umso weniger erkennt der Mensch den Zusammenhang zwischen Geld und Energie. Geld ist, in unserer Gesellschaft vielfach verfälschte, Energie und – der modernen Alchimie folgend – aus dem „Nichts" erzeugt. Die USA konnten mit ihrem Trick, den Dollar zwingend an das Erdöl zu binden, bis heute außerordentlich erfolgreich wirtschaften und die Welt jährlich um rund 700 Milliarden Dollar bestehlen, indem sie im Wesentlichen wertloses Papier drucken und mit Hilfe ihrer Weltmacht dafür sorgen, dass der Dollar als Zahlungseinheit für die grundlegende Energiequelle der Welt, das Erdöl, herangezogen wird. Noch raffinierter machen es die Börsenspekulanten, die aus Zahlen und dem Glauben der Menschen Geld „erzeugen" und es auf diese Weise zahlreichen Wundergläubigen erfolgreich wegnehmen. Dies ist nur durch die Fähigkeiten des Großhirns möglich, von dem Konrad Lorenz mit Recht behauptet hat, es sei ein Organ, das dem Menschen das Privileg zum Glauben reinen Unsinns verleihe. Kein Tier kann man mit solchem Irrtum täuschen, der Mensch besitzt diese Fähigkeit dank seines Großhirns.

Abb. 11 Die zunehmende „Unsichtbarmachung" der Wirkungen des Geldes auf die Realität, denn „Im Trüben kann man leichter fischen".

Empirische Befunde beweisen die evolutionstheoretische Ableitung der Zusammenhänge zwischen Effizienz, also Energie, und den Verhaltensweisen der Weltwirtschaft. Wenn es zutrifft, dass Geld Energie ist, dann müsste die Abbildung der Energieverfügbarkeit in unserem Weltsystem die gleiche Verteilung ergeben, wie die des Geldsystems. Und dies ist in der Tat der Fall. Sowohl in Deutschland wie auch in den USA entspricht die Verteilung des Geldes auf die verschiedenen Gruppen der Bevölkerung ziemlich genau der Verteilung der Energie auf die Zahl der Personen, die über sie verfügen können.

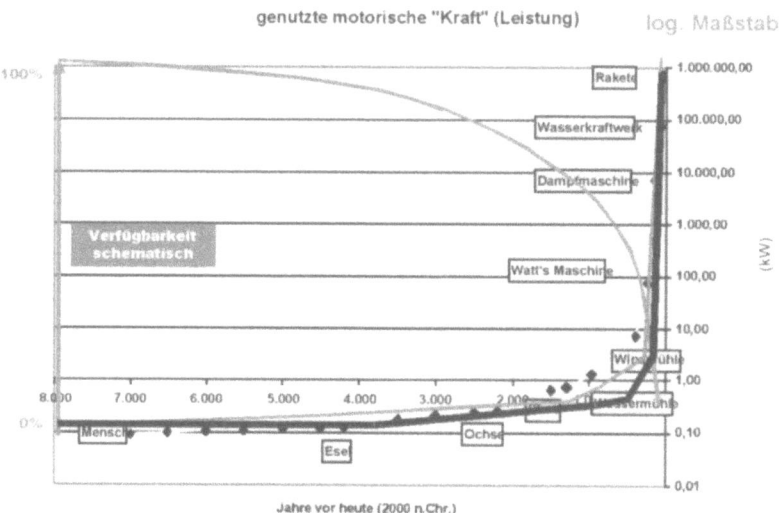

Abb. 12 Die Verteilung der Energie und des Geldes in der Gesellschaft sind gleich.

Die Lösung kann daher nur darin liegen, Licht in das Dunkel der monetären Zaubertricks zu bringen. Wenn es gelingt, die Mechanismen der erfolgreichen Zaubertricks aufzudecken, mit denen aus dem Nichts Geld gewonnen wird und Menschen beraubt werden, was im Banken- und Börsenwesen seit jeher der Fall war und ist, und dieses Wissen sich ausbreitet, hat der Mensch die Fähigkeit, dieser Falle zu entkommen.

Ein anderes Beispiel erfolgreicher Technologieentwicklung mit zentralen Zugriffen auf das menschliche Hirn ist die neue technische Mobilität. Der Mensch wollte seit jeher die Bürde des aufrechten Gangs loswerden, der nur acht Prozent der Muskelenergie in Bewegungsenergie umsetzt und auch nur geringe Geschwindigkeiten erzielt. Das Hirn suchte außen und innen nach Lösungen. Es gelang ihm zunächst, das Reitpferd für seine Zwecke nutzbar zu machen und später, mit Hilfe der Eisenbahnen, externe Energie für massenhafte Fortbewegung und Warentransport einzusetzen. Diese Fähigkeit steigerte sich mit der Elektrifizierung der Eisenbahn und erreicht gegenwärtig geradezu sinnlose Geschwindigkeiten, die den Menschen glauben machen, er könne Zeit sparen. Das erwies sich als Irrtum, da durch Erhöhung der Geschwindigkeiten nur die Entfernungen größer werden und sich die Strukturen verändern. Der Mensch nimmt zwar unmittelbar die Verkürzung der Reisezeiten wahr, die wesentlich langsamer und außerhalb seiner sinnlichen Wahrnehmung stattfindende Veränderung der Strukturen, die aus diesen Geschwindigkeitserhöhungen resultieren, sieht er jedoch nicht. Aber sein wahres Glück fand der Mensch erst mit der Entdeckung und Nutzung des Autos, das ihm nicht nur die Möglichkeit verschafft, sich schnell, sondern auch individuell fortzubewegen und außerdem die Chance bietet, sich der gesamten sozialen Verpflichtungen der

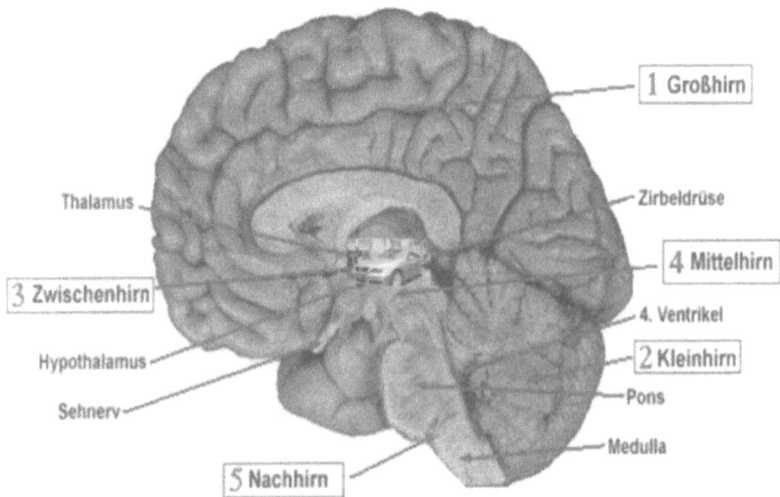

Abb. 13. Das Auto hat seinen Platz im Zentrum des Hirns eingenommen und steuert von dort die Handlungen der „befallenen" Menschen.

Menschheit, die als Bürde auf ihm lasten, zumindest während der Autofahrt zu entziehen. Das Auto war das Wunderding für das menschliche Großhirn aber auch für die Körperorgane, die sich gemeinsam dieses Autos bemächtigten und dabei gar nicht merkten, wie sich das Auto ihrer bemächtigt. Denn diese positive Rückkopplung führt zur Implementierung des Autos im Hypotalamus, wo es seinen endgültigen Platz einnimmt und damit den Menschen nach seinem Belieben steuert.

Das Auto verändert die Werte der Gesellschaft. Das Auto verändert aber auch die Wahrnehmung des Menschen. Der Mensch nimmt nicht mehr das wahr, was ist, sondern das, was das Auto ihm zu sehen vorschreibt. Er nimmt nicht mehr die Verwüstung seines Lebensraumes wahr, sondern akzeptiert die Besetzung seines Lebensraumes durch Autos als gegeben und selbstverständlich.

Abb. 14. Links die Wahrnehmung durch den Autofahrer, rechts die Wahrnehmung durch ein „unbefallenes" Bewußsein.

Entfernt man das Auto aus dem Hypotalamus, dann wird dieser Unsinn sofort erkennbar. Und so sammeln sich im Hypotalamus auch sämtliche technischen Geräte, die uns zurzeit umgeben und den Menschen nach ihrem Belieben steuern, solange er nicht merkt, dass ihm damit unglaublich viel Energie entzogen wird und das Geld langsam ausgeht. Dies geht gut, solange ausreichend externe billige Energie zur Verfügung steht. Wird aber externe Energie knapper und das Solarsystem als einzige Energiequelle längerfristig entscheidend, wird der Mensch diesen technologischen Sauhaufen wohl aus seinem Hirn ausräumen müssen.

Da der Mensch mit dem System, das er erzeugt hat, geistig nicht mitkommt, wird er von ihm bestimmt. Dies ist nachweisbar in der Verkehrstechnologie, im Finanzwesen und auch in der Gentechnologie. Überall dort, wo Sachzwänge durch Technologie erzeugt werden, beweist der Sachzwang, dass der Mensch nicht in der Lage war, dem, was er erzeugt hat, geistig zu folgen. Dies lässt sich auch durch die triviale Forderung beweisen, dass ein Regler eine größere Vielfalt der Eingriffsmöglichkeiten haben muss als das System, das er regelt. Je größer die Vielfalt innerhalb eines Systems ist, umso größer ist seine Fähigkeit, die Vielfalt in der Umgebung durch seine Eingriffe zu regulieren. Dies ist den Menschen durch die Technik gelungen, allerdings um den Preis, damit die Vielfalt des natürlichen Systems, das ihre Lebensgrundlage bildet, ernstlich zu gefährden.

Die Gesellschaft hinkt der technologischen Entwicklung hinterher und holt sie geistig nicht ein. Exponentielles Wachstum der Technologie wie auch des Geldes beweist den Verlust der Kontrolle über das selbst gemachte System.

Ausweg

Der Ausweg, den wir haben, besteht darin, dass wir auf der Grundlage übergeordneter Ziele die technologische Entwicklung auf das Tempo der geistigen Entwicklung zurückführen durch
- Entschleunigung, durch
- Lokalisierung der Abläufe und damit durch das
- Erzwingen der Vielfalt und schließlich durch
- Verantwortungsethik.

Diese ist allerdings besonders langsam unterwegs.

Literatur

Entropie (Informationstheorie). Aus: Wikipedia, die freie Enzyklopädie. http://de.wikipedia.org/wiki/Entropie_%28Informationstheorie%29 (Accessed: 25.01.2007)

Kotauczek, P., Maywald, F. (2005): Die Weltbildmaschine. Grundlagen der Humaninformatik. Von der Information zur Informiertheit. Edition Va Bene, Wien Klosterneuburg.

Knoflacher, H. (1995): Das Lill'sche Reisegesetz – das Weber-Fechner'sche Empfindungsgesetz – und was daraus folgt. In: Mobilita 95, Bratislava.

Knoflacher, H. (2001): Stehzeuge. Der Stau ist kein Verkehrsproblem. Böhlau Verlag, Wien.

Lill, E. (1889): Die Grundgesetze des Personenverkehrs. Zeitschrift der Eisenbahnen und Dampfschiffahrt der österreichisch-ungarischen Monarchie. II.Jg., 35: 697-706 und 36: 713-725.

Lorenz, K. (1983): Die Rückseite des Spiegels. Versuch einer Naturgeschichte menschlichen Erkennens. 4. Auflage. Piper Verlag, München.

Riedl, R. (1981): Biologie der Erkenntnis. 3. durchgesehene Auflage. Verlag Paul Parey, Berlin und Hamburg.

Riedl, R. (1985): Die Spaltung des Weltbildes. Biologische Grundlagen des Erklärens und Verstehens. Verlag Paul Parey, Berlin und Hamburg.

Weber-Fechner Law: The Encyclopedia Americana. International Edition. Complete in Thirty Volumes. Volume 28 (Venice to Wilmote, John) Americana Corporation, New York 1975.

Wenn die Gewürzmetalle[1] für den Technologiekuchen ausgehen: Technologiebedingter Verlust strategischer Ressourcen

Armin Reller

Zusammenfassung

Moderne Industriezweige wie die Mikroelektronik oder die Nanotechnologie und deren weltweit eingesetzte Produkte wie Mobiltelefone, Computer, Katalysatoren, Beleuchtungssysteme, etc. benötigen für deren Produktion und Anwendung essentielle, unabdingbare Funktionsmaterialien, insbesondere Metalle und Metallverbindungen. Deren Verfügbarkeit ist jedoch aufgrund knapper oder schwer zugänglicher Ressourcen/Vorkommen oftmals prekär, was sich durch enorme Preisschwankungen, oder aber aufgrund sozialer oder politischer Gegebenheiten und daraus entstehender Abhängigkeiten durch ein hohes Risiko- und Konfliktpotential äußert. Darüber hinaus kann die Nutzung derart komplexer technischer Prozesse und Produkte oftmals zu einer Dissipation[2] strategischer Funktionsmaterialien führen. Diese Sachverhalte werden in der so genannten High-Tech-Industrie kaum beachtet. Sie werden jedoch in den kommenden Jahren aufgrund hoch dy-

---

1 Als „Gewürzmetalle" bezeichne ich jene metallischen Elemente, die dank ihrer spezifischen Eigenschaften in kleinsten, aber unabdingbaren Mengen als spezifische Funktionsmaterialien in modernen Technologien eingesetzt werden und dadurch strategische Bedeutung erlangen. So wie sich ein Safranrisotto mit seiner gelben Farbe und seinem unverkennbaren, wunderbaren Geschmack eben nur mit dem spezifischen Gewürz Safran zubereiten lässt, erfordert die Herstellung einer blauen Leuchtdiode das Metall Gallium, oder die Herstellung des LCD-Displays eines Laptops das Metall Indium. Vielmals handelt es sich bei den „Gewürzmetallen" um seltene Metalle, die nur als Spuren- oder Begleitelemente in Erzen von Massenmetallen wie Eisen, Kupfer, Nickel, Aluminium oder Zink gefunden und einigermaßen wirtschaftlich gewonnen werden.

2 Als Dissipation von Metallen, Metallverbindungen oder ganz allgemein von Funktionsmaterialien bezeichnet man ihre durch die technische Nutzung initiierte Feinverteilung in der Biosphäre, das heißt auf der Erdoberfläche, im Boden, in der Atmosphäre oder im (Meer-)Wasser. Meistens sind die Verdünnungen der dissipierten Stoffe so hoch, dass diese nicht mehr zurückgewonnen werden können und damit für weitere technische Anwendungen verloren gehen.

namischer globaler Entwicklungen immer größere Bedeutung erlangen. Die frühzeitige Erkennung von Versorgungsengpässen oder Nutzungsrisiken sowie die Entwicklung von Strategien und Planungsinstrumenten für die rechtzeitige Bereitstellung einschlägiger Informationen oder von Ersatzmaterialien werden im Folgenden diskutiert.

Prolog

Die Technikgeschichte der Menschheit ist durch das Auffinden, die Aufbereitung, Funktionalisierung und Nutzung von Metallen geprägt. Schon Bronzezeit und Eisenzeit als metallspezifische Bezeichnungen vergangener Epochen legen beredtes Zeugnis dieser Sachlage ab. Ein etwas genaueres Inspizieren der damals tatsächlich fabrizierten und genutzten Bronze- und Eisengegenstände zeigt, dass in der Regel keine reinen Metalle oder Legierungen hergestellt werden konnten. Viel eher kannte man schlechtere oder

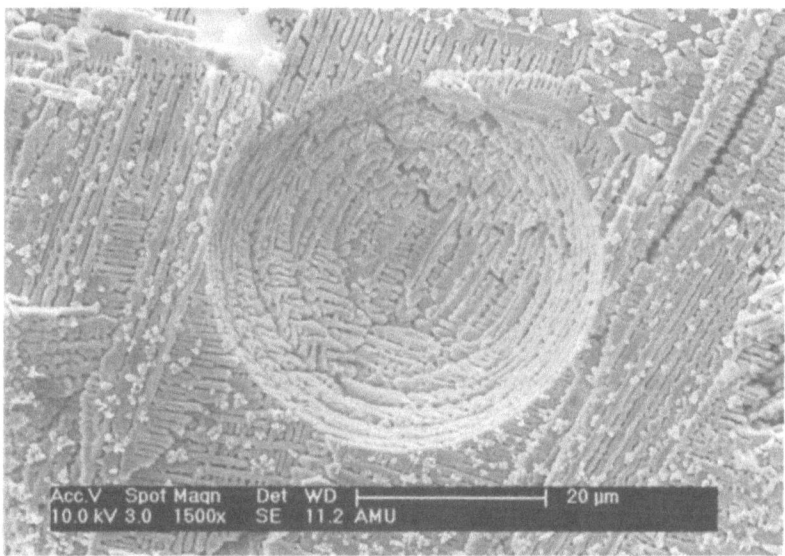

Abbildung 1
Eisenschlackenprobe (rasterelektronenmikroskopische Aufnahme) aus einer vor über 1000 Jahren in Aichach/Bayern betriebenen Pinge (Eisenerzgrube) bzw. Eisenverhüttungsanlage.

bessere Erze, ergiebigere oder armseligere Erzlagerstätten sowie tradierte Rezepte, anhand derer die Herstellung funktionstüchtiger Werkzeuge und Waffen gelang. Vor diesem Hintergrund wurde Eisenerz und daraus gewonnenes Eisen bzw. Eisenschlacke aus der Gegend von Aichach/Bayern genauer untersucht. Abbildung 1 zeigt eine rasterelektronenmikroskopische Aufnahme einer originären, das heißt vor gut 1000 Jahren erzeugten, Eisenschlackenprobe aus dem Untersuchungsgebiet Grubet [1,2].

Die Morphologie der aus einer so genannten Pinge (Eisenerzgrube) gewonnenen Probe deutet auf die menschliche Bearbeitung des Materials hin. Sehr aufschlussreich ist die chemische Analyse dieses Zeugen der mittelalterlichen Eisenverhüttung: in der Eisenmatrix finden sich erhebliche Anteile Mangan. Dieses Metall verleiht nach dem heutigen Stand der Kenntnisse dem Eisen erhöhte Härte, also eine für seine Nutzung als Waffe oder Werkzeug günstige Beeinflussung der Eigenschaften. So waren die Eisenproduzenten aus Aichach die Profiteure eines natürlich vorliegenden Eisen-Mangan-Erzes, das ihnen die Herstellung und den Verkauf besonders harter und daher wirtschaftlich wertvoller Gerätschaften ermöglichte. Heute wird der strategisch wichtige Werkstoff Stahl weltweit in enormen Mengen hergestellt. Er gehört mit einer Produktionsmenge von über 1.2 Milliarden Tonnen im Jahr 2006 [3] zu den wichtigsten Welthandelsgütern. Im Grunde sind weltweit genügend Rohstoffquellen, das heißt Eisenerzlagerstätten bekannt, so dass prinzipiell genügend Eisen zur Verfügung steht. Da die notwendigen Eisenerze, aber auch die Produktionsstätten global sehr ungleich verteilt sind, herrschen jedoch viele Abhängigkeiten. Sie offenbaren sich einmal durch Knappheit, ein andermal durch intensive Nachfrage oder gar durch Überangebote und damit korrelierende Preisschwankungen. Die industrielle Bereitstellung und die damit verbundenen energetischen und ökologischen Implikationen von Stahl – die Stahlindustrie produziert gegenwärtig circa 7 – 9% des globalen Kohlendioxidausstoßes – dürften jedoch allzu phantastische Wachstumsträume einschränken oder neue Herstellungsverfahren notwendig machen. Eine weitere mögliche Einschränkung der Stahlnutzung besteht auch darin, dass für das Erzielen spezifischer Eigenschaften Legierungsmetalle unabdingbar sind: Chrom, Nickel, Molybdän, Cobalt, Zink, Vanadium, etc. werden in erheblichen Mengen zugemischt, um optimale Funktionseignung zu erreichen. Viele dieser zusätzlichen Gewürzmetalle sind weitaus seltener als Eisen und werden vielmals auch für andere Zwecke genutzt. Sie werden deshalb oft Preis bestimmend und/oder verursachen Versorgungsengpässe. So birgt die vordergründig so alltäglich und übersichtlich scheinende Stahlgeschichte, aufgrund ihrer weit über die Eisenlagerstätten hinaus gehenden Abhängigkeiten von und Verflechtungen mit weiteren Wertschöpfungsketten und daran beteiligten Industrieunternehmen, viele Unwägbarkeiten. Mit analogen Situationen sehen sich heutzutage viele Branchen konfrontiert. Ganz generell zeichnen sich die meisten modernen Technologien und deren Produkte aufgrund komplizierter stofflicher Gegebenheiten in der Regel durch höchst komplexe Abhängigkeiten von Rohstoffen und Ressourcen aus, die irgendwo auf diesem Planeten vorgefunden werden.

Bei allem Wechsel der Erscheinungen beharrt die Substanz, und das Quantum derselben wird in der Natur weder vermehrt noch vermindert.
Immanuel Kant [4]

Konkurrierende Nutzungen und Dissipation

Seit der Industrialisierung wurden, wie am Beispiel Stahl gezeigt, einerseits enorme Mengen fossiler Energieträger verbrannt, andererseits eine stetig zunehmende Zahl von Funktionsmaterialien in Verfahren oder Produkten eingesetzt oder in Betrieb genommen. Vor allem Metalle und deren Verbindungen wurden und werden mit ständig zunehmender Dynamik für unterschiedlichste Zwecke aus natürlichen Vorkommen gefördert, in (energie-)aufwendigen chemischen und physikalischen Verfahren geformt, bereitgestellt sowie eingesetzt, ja, gänzlich neue Technologien konnten nur durch die Verfügbarkeit spezifischer metallbasierter Materialien entstehen. In vielen Fällen zeigt sich, dass ein Metall sehr unterschiedliche Funktionen erfüllen kann: so wird zum Beispiel Zink in Messing oder in feuerverzinktem Stahl als Legierungsmetall genutzt, aber gleichzeitig in großen Mengen in Form von Zinkoxid als Weißpigment, als Zuschlagstoff in Autoreifen, als Wirkstoff in Wundsalben oder als Schleifmittel in Zahnpasten verwendet. Diese vielseitigen Nutzungs- und Anwendungsmöglichkeiten treten, ökonomisch betrachtet, zueinander in Konkurrenz; je nach Verfügbarkeit können sie zu Versorgungsengpässen und/oder zu stark fluktuierenden Preisen führen. In beiden Fällen kann dieser Effekt ein erhebliches Risiko für die in der Wertschöpfungskette arbeitenden Unternehmen darstellen. Mehr noch, wenn man den weltweiten Lebenszyklus des Zinks analysiert, eröffnen sich bedenkenswerte Perspektiven: durch bestimmte Nutzungsformen wird das Zink beziehungsweise das Zinkoxid großflächig in feinster Form verteilt. Dies geschieht zum Beispiel durch den Abrieb der Autoreifen oder bei der Verwendung von Zahnpasta [5]. Betrachtet man eine geographische Zink-Karte (siehe Abbildung 2), die zum einen die primären Förderungs- und Nutzungsgebiete, zum anderen – als Folge der Nutzungsweisen – die Verteilung in nanoskopisch kleinsten Stoffportionen

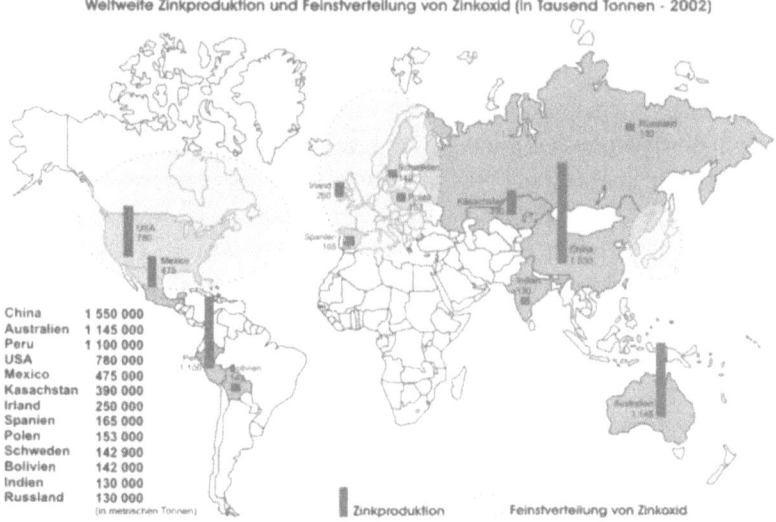

Abbildung 2
Eine Weltkarte der Zinkgewinnung und der gleichzeitig in den hauptsächlichen Nutzungsgebieten zu beobachtenden Dissipation von Zinkoxid, der wichtigsten technisch genutzten Zinkverbindung

auf der Erdoberfläche abbildet, wird deutlich: die technologiebedingte Gewinnung und Verwendung dieses strategischen Metalls vollzieht sich Raum-Zeit-wirksam im Sinne einer Dissipation. Vom Abbau in der Zinkmine bis zum, nicht mehr sichtbaren, Eindringen in die Biosphäre zerrinnt dieses strategische Metall unwiederbringlich. Im Fall von Zinkoxid stellt zwar weder der ökologische Effekt – Zinkoxid ist nicht toxisch – noch die wirtschaftliche Relevanz des stetigen Verlusts – Zink gehört zu den relativ häufigen Metallen – ein großes Risiko dar. Aber ein erstes Warnsignal ist gegeben: die durch spezifische technische Nutzungen bedingte Dissipation von Metallen oder Metallverbindungen kann dazu führen, dass ein Recycling aufgrund der resultierenden räumlichen Feinstverteilung oder Verdünnung nicht mehr möglich, eine anzustrebende Stoffkreislaufwirtschaft nicht realisierbar ist.

Am Beispiel der Nutzung der Edelmetalle Platin und Palladium sollen das Phänomen der Dissipation und dadurch bedingte Effekte verdeutlicht werden. Platin und Palladium sind Edelmetalle, die weltweit in fünf Minen durch anspruchsvolles und energieintensives Isolieren, Konzentrieren und Raffinieren gewonnen werden; sie kommen neben Massenmetallen wie Nickel, Kupfer und anderen als Spurenmetalle in den ausgebeuteten Erzlagerstätten in Verdünnungen von circa 1 : 1.000.000 vor. Die bei der Gewinnung entstehenden Umweltbelastungen, vor allem die Luftverschmutzung, sind je nach Minenstandort enorm. Die Weltproduktion von Platin lag 2006 bei rund 180 Tonnen. Das entspricht einem Kubus mit einer Kantenlänge von etwas mehr als zwei Metern. Platin wird neben der Nutzung als Schmuckmetall, als Legierungsmetall in der Halbleiterindustrie und, in kleinen Mengen, als Krebsmittel in der Medizin [6], vor allem aber als Katalysator in chemischen Syntheseprozessen sowie seit gut 20 Jahren in der Autoabgaskatalyse eingesetzt. Umweltanalysen zeigen, dass die letztgenannte Nutzung Platinpartikel aus der Keramikwabe austrägt, die in nanoskopischer, teilweise hoch mobiler Form in unterschiedlichste Kompartimente der Biosphäre wie Gewässer und Boden gelangen. Ein erstes Fazit ergibt also: unterschiedliche, konkurrierende Nutzungsformen führen bei derart geringen Verfügbarkeiten wie bei Platin zu ernsthaften Versorgungsengpässen. Gerade bei der Funktion als Katalysator kann ein ganzer Industriezweig, aber auch eine gesellschaftspolitisch erzielte Übereinkunft zur Luftreinhaltung korrumpiert werden. Nun lässt sich argumentieren, dass Platin und seine Funktionen durch andere Metalle ersetzt werden können. In der Praxis wird diese Strategie gegenwärtig erprobt, indem Russland Palladium als Platin-Substitut auf den Rohstoffmarkt wirft. Nur, Palladium kommt ebenso selten wie Platin vor und seine Fördermengen sind weit geringer. Die ökologischen Folgen, das heißt eine mögliche Bioaktivität der freigesetzten Platin- und gegebenenfalls Palladiumteilchen oder deren Verbindungen, sind noch nicht bekannt. Immerhin konnte schon nachgewiesen werden, dass sich in Expositionsexperimenten Palladiumteilchen in den Gehirnzellen einer schottischen Aalart identifizieren lassen [7]. Wir müssen konstatieren, dass Gewürzmetalle wie die genannten Platin und Palladium, wiederum technologiebedingt, fein verteilt werden, also nach ihrer Nutzung viel verdünnter vorliegen als in deren Erzlagerstätten. Auch wenn der Anteil der ausgetragenen Stoffmengen sehr gering ist, gehen diese Edelmetalle für weitere, in Zukunft sehr wichtige Anwendungen und Nutzungen, wie zum Beispiel in der Brennstoffzelle, verloren [8, 9]. Im Gegensatz zum geschilderten Zink-Fall ist die anwendungsbedingte Mobilisierung der Edelmetalle brisant, weil einerseits die verfügbaren Ressourcen äußerst limitiert sind und die unterschiedlichen, schon realisierten, aber auch die zukünftigen potenziellen Nutzungs- und Funktionsformen strategische Bedeutung haben, andererseits mögliche neue Funktionen in der Biosphäre auftreten können.

Die problematischen Konsequenzen der Dissipation strategischer Funktionsmetalle werden wahrscheinlich massiv unterschätzt, deren Wirksamkeit wird in die, auf den ersten Blick beruhigend ferne, Zukunft prognostiziert. Vielmehr hieße es jedoch zu fragen: wann müssen Forschung und Entwicklung damit beginnen, in bedeutenden Technologiebranchen die von Gewürzmetallen abhängigen Funktionen durch langfristig verfügbare, risikoarme Funktionsmaterialien, das müssen nicht notwendigerweise Metalle sein, zu substituieren? Gegenwärtig fließen riesige Investitionen in High-Tech-Produkte, die sich rasant verbreiten. Gerade in deren Produktionsketten spielen seltene Metalle meist eine zentrale Rolle. Das Risiko des Abwartens kann man sich eigentlich nicht leisten. Der Umgang mit dieser Problematik und deren Dynamik bleibt offen. Die Verknappung oder das, im doppelten Wortsinn, Verschwinden der Gewürzmetalle bedroht in globalem Maßstab Wertschöpfungsketten und Industrieproduktionen. Wird diese Bedrohung überhaupt ernst genommen oder ignoriert man sie, indem man Business as usual betreibt?

Sorge in der Zeit, so hast Du in der Not

Wenn Substitute weder in Sichtweite sind, noch kommen ...

In den vergangenen 20 Jahren wurden aufgrund technologiebedingter Anforderungen mindestens 20 neue Gewürzmetalle mit innovativen Funktionen in vielfältige Produkte eingebaut. Vor allem in der Kommunikationstechnologie mit ihrer breit gefächerten Produktpalette, aber auch in der Beleuchtungsindustrie kommen Metalle wie Gallium, Indium, Europium, Terbium etc. zum Einsatz. So finden sich in einem Handy ungefähr 20 unterschiedliche Metalle. Eine distanzierte Betrachtung dieser Entwicklung stellt sich als hilfreich dar und zeitigt bemerkenswerte Einsichten: wir sind im Begriff, durch aufwendige Verfahren an sich seltene, aber hinlänglich angereicherte Metalle aus Minen oder Erzen zu gewinnen und in Alltagsprodukten zu nutzen. Da pro Einheit nur kleinste Mengen gebraucht werden, scheint Ressourcenknappheit kein Risiko darzustellen. Strategische Überlegungen die zukünftige Verfügbarkeit betreffend finden kaum statt. Selbst wenn der Preis der Gewürzmetalle unglaublichen Steigerungen unterworfen ist, blinken selten Warnleuchten, da die geringen Einsatzmengen pro Einheit deren Preis nicht merklich erhöhen. Rein monetäre Kriterien laufen Gefahr, die Risiken der Ressourcenabhängigkeit nicht oder erst zu spät abbilden zu können. Eine rezente Studie über Vorkommen, Nutzung und Verbleib von Indium ergab folgende Situation [10]: vor der Nutzung von Indium als unabkömmlichem Bestandteil des elektrisch leitfähigen Indium-Zinn-Oxids, also vor der Produktion von LCD-Flachbildschirmen, die in der zweiten Hälfte der 90er Jahre begann, betrug die Weltproduktion weit unter 200 Jahrestonnen. 2005 wurden wohl gut 450 Tonnen gefördert. Der Bedarf lag aber schon bei über 800 Tonnen. So überrascht es nicht, dass sich der Preis von Indium zwischen Januar 2003 und März 2005 verzehnfacht hat, Tendenz klar steigend. Nun kommt Indium nur als Spuren- oder Begleitmetall vor allem in Zinkerzen vor, so dass seine Förderung nur dann wirtschaftlich gestaltet werden kann, wenn gleichzeitig Zink gefördert wird. Die bekannten Reserven von Indium lassen darauf schließen, dass in weniger als 10 Jahren die einigermaßen zugänglichen und wirtschaftlich ausbeutbaren Ressourcen aufgebraucht sind. Die Prognosen der Handy-Industrie lauten jedenfalls, dass im Jahre 2008 rund eine Milliarde

Einheiten verkauft werden [11]. Ähnlich hohe Zahlen werden für die Produktion von Flachbildschirmen genannt. Eine simple Hochrechnung lässt darauf schließen, dass die Verfügbarkeit oder Knappheit von Indium für die betroffenen Industrieunternehmen ein ernstes Risiko darstellt und mindestens für die Gestaltung der Zukunftsstrategien ins Kalkül gezogen werden sollte. Da seit wenigen Jahren auch die Photovoltaik-Industrie mit ihren neu entwickelten CIS-Modulen (Kupfer-Indium-Selenid und Kupfer-Indium-Sulfid als Photohalbleiter-Material) in strategisch entscheidender Weise auf die Verfügbarkeit von Indium angewiesen ist, sehen sich beide Industriezweige mit sehr ernsthaften Problemen konfrontiert: wie lange kann Indium noch eingesetzt werden? Gelingt es, innerhalb nützlicher und kurzer Frist ein funktionierendes Recycling-System aufzuziehen? Kann in der gebotenen Eile ein Substitut gefunden werden? Kein Zweifel, das Gewürzmetall Indium bedroht zumindest zwei Technologiezweige mit insgesamt dreistelligen Milliardenumsätzen. Die Entwicklung und Erprobung eines Ersatzmaterials, das diese technologisch hoch spezifischen Funktionen erfüllt sowie wirtschaftlich und technisch konkurrenzfähig ist, hätte eigentlich schon längst initiiert werden sollen, da bis zu dessen Einsatzfähigkeit wohl 10 Jahre Forschungs- und Entwicklungsaktivitäten erforderlich sind. Aber in vielen Unternehmen, deren Planungs- und Entscheidungsstrukturen durch einseitiges Profitdenken geprägt sind, scheinen die Zukunft sichernde, nachhaltige Überlegungen und Maßnahmen selten auf der Tagesordnung zu stehen. Es scheint, als ob die althergebrachte Überzeugung des Ressourcen-Verfügbarkeit-Nachfrage-Angebot-Preis-Mobiles, in diesem Sinne auch das längst obsolete Denken einer unbegrenzten Naturnutzung, immer noch die erfolgversprechende Strategie darstellt. Müssen denn kurzfristige Lösungen, die knapp werdende oder risikoreiche Materialien ausbeuten, langlebige Innovationen ständig konkurrenzieren und vorausschauende, auf kluger, risikoarmer Ressourcennutzung basierende Strategien verdrängen oder verhindern?

Fazit

Die noch nie da gewesene Verfügbarkeit von Materialien und Produkten aus der ganzen Welt prägt unsere Lebensweise, unseren so genannten westlichen, zwischenzeitlich weltweit um sich greifenden Lebensstil. Diese noch nie da gewesene Stoffmobilität erfordert einerseits einen enormen Energieeinsatz, andererseits ganz neue Wirtschaftszentren, sie bringt aber auch neue Abhängigkeiten von strategischen Ressourcen mit sich und schafft sich verschärfende soziale Ungleichgewichte. Die steigenden Bedürfnisse und Wirtschaftspotentiale vieler, noch nicht derart materialintensiver Kulturräume beschleunigen diese junge Entwicklung in atemberaubender Weise. Ihre Ikone ist die phänomenal rasche Verbreitung des Mobiltelefons. Dieses Gerät repräsentiert eine immer höher diversifizierte persönliche Telekommunikations- und Unterhaltungsplattform, die Telefon, Personal Computer, Kamera und Music-Player in sich vereinigt [11]. Den Konsumentinnen und Konsumenten ist in den seltensten Fällen bekannt oder bewusst, dass für die Bereitstellung derartiger Geräte oder Technologien kurzfristig eine Vielzahl oft neuer Wertschöpfungsketten aufgebaut werden muss und dabei Funktionsmetalle in Betrieb genommen werden, die vor wenigen Jahren noch ein Exotendasein fristeten – will heißen, höchstens in der chemischen Grundlagenforschung zur Kenntnis genommen wurden. Bei der Planung und Implementierung neuer Technologiezweige und Produktpaletten, deren Funktionalität von Gewürzmetallen abhängig ist, wird viel zu wenig darauf geachtet, ob die unabdingbaren, strategisch wichtigen Funktionsmaterialien über längere Zeiträume verfügbar, mittels Recycling wieder gewonnen oder aber binnen nützlicher Frist substituiert werden können. Die Nutzung der Gewürzmetalle darf keinesfalls zur Dissipation führen. Folgende Sachverhalte widerspiegeln die herrschenden Defizite:

- Die Wirtschaft und deren Kundschaft gehen immer noch davon aus, die natürlichen Ressourcen seien wohl endlich, aber für den gegenwärtigen Lebensstil nicht eigentlich limitierend. Dies gilt insbesondere für die (fossilen und nuklearen) Energieträger. Dass Metalle knapp werden könnten, wird erst seit wenigen Jahren wahrgenommen.
- Dass die Bereitstellung von High-Tech-Geräten nur aufgrund des Einsatzes einer Vielzahl von Funktionsmaterialien möglich ist, die ihrerseits auf der Verfügbarkeit teilweise äußerst seltener Metalle beruht, wird weder von den Konsumentinnen und Konsumenten, noch von den Planungsstäben in den Produktionsunternehmen rechtzeitig wahrgenommen.
- Die Entstehungs- und Nutzungsgeschichten von Materialien und Produkten durchdringen unterschiedlichste kulturelle und soziale Struktu-

ren und Kontexte und sind so, teils unentdeckt, in subversiver Weise Auslöser heiliger und unheiliger Allianzen, blendender Geschäfte und gefährlicher Konflikte. Sollten sich strategische Ressourcen verknappen, nehmen erwartungsgemäß die spannungsgeladenen Beziehungen überhand.

- Aus historischer Perspektive sind wir im Begriff, wichtigste Funktionsmetalle – eben die Gewürzmetalle im Technologiekuchen – durch ihre Nutzung über den ganzen Erdball zu verteilen. Aus der an den Lebensprozessen kaum beteiligten Erdkruste und aus den Erzlagerstätten werden sie trotz hoher Verdünnung mit großem Aufwand und oft erheblichen Umweltbeeinträchtigungen isoliert, konzentriert und raffiniert, dann für die vorgesehenen Funktionen geformt und entsprechend ihrer Funktionseigenschaften installiert, in Betrieb genommen. Die Gewürzmetalle werden durch ihre Nutzung oftmals in feinster Form unwiederbringlich in der Biosphäre verteilt. Somit liegen sie dank ihrer Mobilisierung auf der Erdoberfläche nach der technischen Nutzung höher verdünnt vor als in der Mine. Das ist ein in seiner Bedeutung nicht zu unterschätzender, alltäglich ablaufender Prozess; er birgt neben den drohenden wirtschaftlichen Verlusten ein zusätzliches Risiko: sich derart verbreitende Metalle oder Metallverbindungen, die bislang nie in der Biosphäre anzutreffen waren, könnten biologisch aktiv werden.
- Gewürzmetalle sind sehr hilfreiche und unabkömmliche Ingredienzen modernster Technologien. Gleichzeitig drohen sie sehr rasch knapp und unerschwinglich zu werden sowie für eine prosperierende Entwicklung innovativer Technologiebranchen limitierend zu wirken. Insofern sind sie Indikatoren für strategische Überlegungen und Planungen, die über rein wirtschaftliche Betrachtungen und Bewertungen hinausgehen. Ihre nachhaltige Nutzung erfordert die ernsthafte Berücksichtigung ökologischer, sozio-geographischer und sozio-kultureller Aspekte in angemessenen, überschaubaren Zeiträumen.

Eine verantwortliche Implementierung neuer Technologien erfordert aufgrund der genannten Defizite zusätzliche Planungsinstrumente. So sollte es gelingen, bei der Planung neuer Produkte und Prozesse die Auswirkungen der dafür notwendigen Funktionsmaterialien auf ihre natürlichen Ressourcen zu bewerten sowie ihre Verfügbarkeit und ihre mögliche Wirksamkeit in der Biosphäre zu prognostizieren, vor allem wenn durch die Nutzungs- und Funktionsweisen Dissipation zu erwarten ist. Diese schwierige Aufgabe könnte weitgehend bewältigt werden, wenn von vornherein für die in der ganzen Wertschöpfungskette auftretenden Funktionsmaterialien virtuelle Stoffgeschichten [12, 13] erarbeitet werden, ihre möglichen Auswirkungen in den realen Raum-Zeit-Kontext projiziert und hinsichtlich Chancen und Risken bilanziert sowie mit Alternativen verglichen werden. Dies bedeutet eine enorme Herausforderung und einen beträchtlichen Arbeitsaufwand. Trotzdem ist das eine lohnende Strategie; mit ihr lassen sich technische Kurskorrekturen wie etwa die Substitution knapp werdender Ressourcen frühzeitig erkennen und vollziehen, aber auch mögliche Spätfolgen, insbesondere ökologische, sozio-ökonomische oder gar sozio-kulturelle Risiken, lassen sich besser abschätzen. Fehlentwicklungen ließen sich so vor Eintritt eines Schadens prognostizieren.

Literatur

[1] Frei, Hans (1966): Der frühere Eisenerzbergbau und seine Geländespuren im nördlichen Alpenvorland. Michael Lassleben Verlag, Kallmünz / Regensburg.
[2] Wagner, Marc (2006): Eisen: ressourcen- und wirtschaftsgeographische Analyse der Stoffströme. Diplomarbeit, Universität Augsburg, Augsburg.
[3] http://www.stahl-online.de/wirtschaft_und_politik/stahl_in_zahlen/ stahl_in_zahlen.htm
[4] Kant, Immanuel (1995): Kritik der reinen Vernunft. Könemann Verlag, Köln. Band 2, S. 210.
[5] Koller, Andreas (2004): Zink – Geographie einer Ressource. Diplomarbeit, Universität Augsburg, Augsburg.
[6] Hibler, Marion (2006): Stoffströme und raum-zeitliche Verflechtungen in ressourcengeographischer Perspektive: Das Beispiel Platin in Pharmaka. Diplomarbeit, Universität Augsburg, Augsburg.
[7] Sures, B., Zimmermann, S., Messerschmidt, J., von Bohlen, A. and Alt, F. (2000): First report on the uptake of automobile catalyst emitted palladium by European eels (Anguilla anguilla) following experimental exposure to road rust. Environmental Pollution 113, 341 – 345.

[8] Staudinger, Thomas (2005): Geographie der Ressourcenströme – Konzept einer Forschungsmethodik am Beispiel der Natürlichen Ressourcen. Diplomarbeit, Universität Augsburg, Augsburg.

[9] Reller, Armin (2003): Chemie im Kontext – Skizze einer Geografie der Ressourcen. politische ökologie 86, 22 - 25.

[10] Bublies, Thomas (2006): Ressourcengeographie des Metalls Indium – raum-zeitliche Verflechtungen und Stoffströme. Geographica Augustana, Band 1, Universität Augsburg, Augsburg.

[11] Reller, Armin, Bublies, Thomas, Staudinger, Thomas (2007): Glanz und Elend des Weltprodukts „Handy". GAIA, 16/3 (eingereicht).

[12] Huppenbauer, Markus, Reller, Armin (1996): Stoff, Zeit und Energie – Ein transdisziplinärer Beitrag zu ökologischen Fragen. GAIA 5, 103 - 115.

[13] Böschen, Stefan, Reller Armin, Soentgen, Jens (2004): Stoffgeschichten – Eine neue Perspektive für transdisziplinäre Umweltforschung. GAIA 13, 19 – 25.

Autoren und Herausgeber

Hans Peter Aubauer absolvierte das Studium der Experimentalphysik an der TU Wien und der Theoretischen Physik an der Universität Chicago, USA. Er forschte auch am Max-Planck-Institut für Metallforschung in Stuttgart und habilitierte sich mit Arbeiten über Festkörperphysik. Sein besonderes Interesse gilt der Bewahrung der Umwelt und der Volkswirtschaft, Gebieten in denen er ebenfalls publizistisch tätig ist. Mitglied des Club of Vienna.

Tadej Brezina studierte nach der Tiefbau-HTL an der Technischen Universität Wien Bauingenieurwesen und vertiefte sich im Bereich Verkehrswesen und Infrastrukturplanung. Am Institut für Verkehrsplanung der TU Wien ist er Dissertant mit dem Schwerpunkt auf Siedlungsstruktur und erforscht im Rahmen des CoV Projektes „Technologiebedingte Ursachen des Wachstums" die zeitliche Entwicklung und Verflechtung von Technologieauswirkungen seit der industriellen Revolution.

Hermann Knoflacher studierte Bauingenieurwesen, Mathematik und Geodäsie. Leitende Stellung am Kuratorium für Verkehrssicherheit, Ingenieurbüro, Professor und Vorstand des Instituts für Verkehrsplanung und Verkehrstechnik an der TU Wien. Neben seinen Tätigkeiten bei zahlreichen internationalen Organisationen veröffentlichte er über 500 Artikel und mehrere Fachbücher. Präsidiumsmitglied des Club of Vienna.

Markus Knoflacher absolvierte eine Ausbildung als Bautechniker und studierte Biologie. Seine berufliche Laufbahn führte von Forschungsarbeiten über Ökosysteme und Forschungsprojekten über Infrastrukturen zu systemanalytischen Arbeiten über die Wechselwirkungen menschlicher Aktivitäten mit der Umwelt. Er arbeitet gegenwärtig als Senior Scientist in einem außeruniversitären Forschungsinstitut.

Dennis Meadows hat mit den „Grenzen des Wachstums" („The Limits to Growth") einen wesentlichen Anteil zur Bewusstmachung des globalen ökologischen Denkens geleistet, damit gehört er zu den führenden Wissenschaftlern für nachhaltige Entwicklung. Er wurde mit zahlreichen Ehrendoktoraten ausgezeichnet und ist Mitglied des Club of Vienna.

Armin Reller promovierte und habilitierte an der Universität Zürich in Anorganischer Chemie. Von 1988 bis 2006 war er Koordinator des Programms Solarchemie / Wasserstofftechnologie des schweizerischen Bundesamts für Energie. Ab 1991 war er Lehrstuhlinhaber für Festkörperchemie an der Universität Hamburg und ab 1999 in derselben Funktion am Institut für Physik der Universität Augsburg. Er ist Sprecher des Wissenschaftszentrums Umwelt (WZU) der Universität Augsburg sowie Hauptherausgeber der Zeitschriften GAIA (oekom Verlag München) und Progress in Solid State Chemistry (Elsevier, Amsterdam).

Agnieszka Rosik-Kölbl studierte Germanistik, Handelswissenschaften sowie Dolmetschen und Übersetzen in Wroclaw und Wien. Sie absolvierte ferner ein postgraduales Studium für Journalismus & PR und promovierte an der Universität Wien am Institut für Germanistik. Ihre berufliche Erfahrung bei diversen Firmen sowie bei Radio und Film umfasst die Bereiche Management, Übersetzung und Journalismus. Ihre literarischen Übersetzungen erschienen auf Deutsch und Polnisch. Seit 2003 hat sie die Geschäftsführung des Club of Vienna inne.

Klaus Woltron studierte Metallurgie und absolvierte eine Karriere als Techniker und Manager, die ihn an die Spitze internationaler Konzerne führte. Heute ist er selbständiger Unternehmer und Autor zahlreicher Beiträge in Presse, Radio und TV. Er hat Aufsichtsratsmandate im In- und Ausland inne. Präsidiumsmitglied des Club of Vienna.

Karin Feiler (Hrsg.)
Europäisches Forum für Nachhaltigkeit des Club of Rome

Nachhaltigkeit schafft neuen Wohlstand

Bericht an den Club of Rome
Mit Beiträgen von Martin Bartenstein, Orio Giarini, Hartmut Graßl, Hans Küng, Patrick M. Liedtke, Franz Josef Radermacher, Josef Riegler, Bert Rürup, Josef Schmid, Walter R. Stahel, Klaus Töpfer, Ernst Ulrich von Weizsäcker

Frankfurt am Main, Berlin, Bern, Bruxelles, New York, Oxford, Wien, 2003.
283 S., zahlr. Abb.
ISBN 978-3-631-51633-1 · br. € 19.80*

Nachhaltigkeit schafft neuen Wohlstand. Eine Botschaft, die Mitglieder des Europäischen Forums für Nachhaltigkeit des Club of Rome und hochrangige Experten und Wissenschaftler in diesem Bericht bestätigen bzw. den Weg zu diesem Ziel beschreiben. Das Buch möchte eine Antwort finden, ob das Konzept der Nachhaltigkeit geeignet ist, uns einen globalen Wohlstand zu sichern. Die Antwort wäre ein kurzes bündiges Ja! Das aber liegt in einem globalen Kurswechsel in allen Bereichen des Lebens. Die Verantwortung dafür liegt bei der Politik, der Wirtschaft und letztendlich bei jedem Einzelnen. Denn bisher wurden die Erfolge der Globalisierung teuer bezahlt – mit zerstörter Umwelt und einer weltweiten sozialen Spaltung. Als Lösungsvorschläge werden beispielsweise ein neues Volkswirtschaftsmodell, ein Weltvertrag zwischen Nord und Süd und ein neues Energiekonzept aufgezeigt.

Aus dem Inhalt: Die Umwelt als Beitrag zum nachhaltigen Wohlstand · Nachhaltigkeit: Anspruch und Wirklichkeit *Grenzen des Wachstums* – ein Denkanstoß · Die nachhaltige Entwicklung – ein Widerspruch oder eine wirtschaftliche Notwendigkeit? · Die Weltgeschichte aus dem Blickwinkel der nachhaltigen Entwicklung · Ausschlaggebende Faktoren für die globale Entwicklung der Umwelt: Demographische Entwicklung; Entwicklung des Klimas · u.v.m.

Frankfurt am Main · Berlin · Bern · Bruxelles · New York · Oxford · Wien
Auslieferung: Verlag Peter Lang AG
Moosstr. 1, CH-2542 Pieterlen
Telefax 0041 (0)32/376 17 27

*inklusive der in Deutschland gültigen Mehrwertsteuer
Preisänderungen vorbehalten
Homepage http://www.peterlang.de